FABRICATION ÉLECTROLYTIQUE

DE LA SOUDE

Du Chlore, des Liqueurs de Blanchiment
et des Chlorates.

COMPIÈGNE — IMPRIMERIE HENRY LEFEBVRE

31, RUE DE SOLFERINO, 31

FABRICATION ÉLECTROLYTIQUE
DE LA SOUDE
DU CHLORE
Des Liqueurs de Blanchiment et des Chlorates

PAR

Le Dr G. LUNGE

Professeur à l'École Polytechnique de Zurich

TRADUCTION FRANÇAISE

Suivie d'une Étude sur les différents Systèmes d'Évaporation

PAR

P. KIENLEN

Chimiste Industriel.
Ancien Directeur d'Usines de Produits Chimiques.

LIBRAIRIE FLAMMARION

H. AUBERTIN et G. ROLLE

84, rue Paradis et 41ᵃ, rue de la Darse

MARSEILLE

E. FLAMMARION

ÉDITEUR

26, rue Racine, 26

PARIS

1898

PRÉFACE DE L'AUTEUR

A l'époque (1879-1881) où j'ai publié, avec la collaboration de M. Naville, l'édition française de mon Traité de Fabrication de la Soude, il n'a pu, naturellement, être consacré que fort peu de lignes à l'électrolyse. Depuis lors, ces procédés spéciaux de fabrication ont reçu un développement considérable, ils semblent même devoir prendre une place prépondérante dans l'industrie du chlore.

En conséquence, j'ai dû, à l'occasion du remaniement complet de mon Traité, en vue de la publication de la deuxième édition parue (1896) en langues allemande et anglaise, introduire un chapitre relatif à la production électrolytique du chlore et de la soude, qui est tout nouveau et entièrement indépendant du reste de l'ouvrage.

M. P. Kienlen a pensé que ce chapitre présentait en lui-même un intérêt suffisant pour motiver sa traduction en langue française, ce dont je lui suis très reconnaissant.

A cet effet, je lui ai communiqué le résumé des recherches et des inventions les plus importantes qui ont été faites depuis la publication des dernières éditions allemande et anglaise de mon Traité; de plus, le petit livre que nous publions a été enrichi d'une manière fort appréciable, par l'addition d'une étude sur les différents systèmes d'évaporation des lessives, due à la plume de M. Kienlen. Cette question tient, en effet, une place importante dans le traitement ultérieur des lessives par l'électrolyse.

J'estime qu'il m'est permis d'espérer que notre œuvre commune sera accueillie avec intérêt et faveur par le public compétent de langue française et que l'on voudra bien excuser les imperfections et les lacunes inévitables, eu égard à la nouveauté du sujet traité. J'espère notamment que les considérations théoriques, qui servent d'introduction, pourront être de quelque utilité au praticien qui n'a ni le temps ni l'occasion de se livrer à une étude spéciale de l'électrolyse.

Zurich, Octobre 1897.

G. LUNGE.

PRÉFACE DU TRADUCTEUR

Je n'ajouterai que quelque mots à la préface que M. le Professeur Lunge a bien voulu écrire, pour présenter lui-même notre œuvre au lecteur de langue française.

En publiant cette traduction des chapitres que l'éminent professeur de Zurich a consacrés à l'étude de l'électrolyse et de ses applications à la grande industrie chimique, dans la deuxième édition de son classique Traité de Fabrication de la Soude, *parue récemment en langues allemande et anglaise, mon unique but a été de rendre service au public industriel français.*

En dehors des traités généraux sur l'électrolyse (tel que celui de H. Fontaine, édité par Baudry et Cie), d'une traduction française de l'Électrométallurgie de Borchers (Baudry et Cie), à part quelques études spéciales insérées dans le Moniteur scientifique du Dr Quesneville, les analyses de brevets publiées dans le même recueil et le remarquable article sur l'Électrochimie, écrit pour le deuxième supplément de Wurtz, par H. Gall (partie théorique) et G. de Becchi (partie industrielle), les applications de l'électrolyse à l'industrie chimique n'ont encore fait l'objet d'aucun traité spécial dans la littérature technique française. Aujourd'hui cependant, on ne saurait plus nier leur importance et l'intérêt qu'elles présentent pour l'industriel.

C'est dans l'espoir que ce petit livre pourra, dans une certaine mesure et pour un certain temps du moins, combler la regrettable lacune qui vient d'être signalée, que je me suis imposé la tâche de publier cette traduction, malgré l'accueil défavorable que j'ai rencontré auprès de la plupart des grands éditeurs parisiens qui n'ont pas voulu assumer le risque de l'entreprendre.

Qu'il me soit permis, en terminant, d'exprimer ma profonde gratitude à M. le professeur Lunge pour la bienveillance avec laquelle il m'a autorisé à faire cette publication et pour le précieux concours qu'il m'a apporté dans l'accomplissement de cette tâche.

Aix-en-Provence, Octobre 1897.

P. KIENLEN.

FABRICATION ÉLECTROLYTIQUE
DE LA SOUDE
DU CHLORE
Des Liqueurs de Blanchiment et des Chlorates

CHAPITRE PREMIER

Historique. — Théorie. — Généralités.

Cruikshank avait remarqué, en 1800 déjà, que lorsqu'on électrolyse une dissolution de sel marin, il y a formation de soude caustique au pôle négatif. Cette observation fut confirmée par *Berzéless* et *Hisinger*, en 1803. Vers la même époque, *Davy*, a reconnu que lorsqu'on électrolyse du sulfate de potasse, il se forme de la potasse caustique au pôle négatif et de l'acide sulfurique au pôle positif.

Ce n'est que longtemps après que ces phénomènes ont reçu une application dans la fabrication des produits chimiques.

Dans la première édition de son *traité de la fabrication de la soude et de ses branches collatérales*, l'auteur a consacré une quinzaine de lignes seulement à la fabrication de la soude par l'électricité, il concluait de la manière suivante : ces procédés ne pourront, dans tous les cas, recevoir une application industrielle, que lorsqu'il sera possible de produire l'électricité nécessaire à la décomposition d'une molécule de chlorure de sodium avec une dépense de charbon qui ne sera pas supérieure à celle exigée par les procédés ordinaires, ce qui certainement n'est pas encore le cas [1].

On ne pourra guère contester que cette remarque et la manière sommaire dont cette question était traitée, ne fussent absolument justifiées à l'époque ; encore en 1888, *Hurter*, pour ne citer que lui (*Journ. Soc. chem. ind.* 1888, p. 722-725 ; *Monit. Scient. Quesnev.* 1889-416), ne l'envisageait pas autrement. Mais aujourd'hui la situation est bien différente et dans un traité de la fabrication de la soude

1. Lunge et Naville, Traité de la fabrication de la soude et de ses branches collatérales, Tome 1, page 313, Paris, Masson, 1880.

et du chlore, une place importante devra être réservée à l'étude des procédés électrolytiques. Ces procédés tiennent en effet un rang particulier dans l'industrie de la soude.

Dans la plupart des autres procédés, la soude tient certainement la place prépondérante, sa production est aujourd'hui l'objectif presqu'exclusif du procédé de la soude à l'ammoniaque.

Tel était également le cas pour le procédé Leblanc à ses débuts, encore à la fin de l'année 1870 il existait en France et en Angleterre de nombreuses usines dans lesquelles l'acide chlorhydrique était en majeure partie, ou même en totalité, perdu sous forme de gaz ou de solution diluée. Des considérations d'ordre économique ont mis un terme à ce procédé barbare et il en est résulté que l'acide chlorhydrique, ou le chlorure de chaux qui en dérive, ont souvent pris une importance plus considérable que la soude elle-même, toutefois ce dernier produit obtenu soit à l'état de soude calcinée, soit à l'état de soude caustique, tient quantitativement le premier rang dans ce procédé.

Il y a relativement peu de temps encore, on produisait dans ces usines deux à trois tonnes de soude pour une tonne de chlorure de chaux obtenue par le traitement de la totalité de l'acide chlorhydrique condensé. Les perfectionnements apportés au procédé Deacon ont certainement notablement augmenté le rendement de l'acide chorhydrique en chlorure de chaux, sans parler des autres procédés qui, dans cette voie, tendent à une production encore supérieure, mais qui ne se sont pas encore introduits dans la pratique industrielle. Il résulte cependant des derniers renseignements recueillis en Angleterre (ces renseignements font malheureusement défaut, depuis 1887, en ce qui concerne la production réelle de la soude et du chlorure de chaux) qu'une tonne de chlorure de chaux, en y comprenant son équivalent en chlorate de potasse, correspond en réalité à trois tonnes de soude, la production totale étant évaluée en sel calciné, ou à deux tonnes et demie de soude caustique, si on la calcule en ce dernier produit, ce qui s'explique par la raison que le chlorure de chaux est en grande majorité fabriqué par le procédé Weldon.

Pour l'électrolyse, les conditions sont tout à fait différentes;

Par ce procédé 58, 5 parties de sel marin sont décomposées en 23 parties de sodium et 35. 5 grammes de chlore. Si nous exprimons ce rendement en quantités pondérales de produits finaux, nous obtenons, pour 100 kilogs de chlorure de chaux marchand, 55 parties de soude calcinée ou bien (ce qui sera certainement l'objectif du procédé dans la plupart des cas) un peu plus de 40 parties de soude caustique au titre le plus élevé. Dans un grand nombre de cas, le but de l'électrolyse n'est nullement la production de la soude, mais celle des liqueurs de blanchiment ou des chlorates, l'alcali caustique qui prend temporairement naissance rentre alors dans le cycle de la fabrication.

Dans ce cas l'électrolyse n'a naturellement, au sens étroit du mot, aucun rapport avec la fabrication de la soude; même dans la grande majorité des cas, lorsqu'on a effectivement pour objet la production de la soude caustique ou celle du carbonate, ces derniers produits, quoique constituant des facteurs très importants pour l'économie du procédé, ne tiennent certainement que le second rang, non seulement au point de vue financier, mais aussi sous le rapport quantitatif. La fabrication du chlore par l'électrolyse ne peut dans aucun cas être envisagée comme une branche accessoire de la fabrication de la soude, comme elle l'était généralement autrefois dans le procédé Leblanc et comme elle peut l'être encore aujourd'hui, dans une certaine mesure ; c'est précisément l'inverse qui a lieu.

Déjà pour cette raison et en considération de la liaison inséparable des procédés électrolytiques qui ne produisent pas de soude avec ceux qui en produisent, l'électrolyse ne peut être étudiée spécialement au point de vue de la fabrication séparée de ces produits, comme c'est le cas pour la plupart des autres procédés, mais elle doit l'être dans son ensemble, à ces deux points de vue réunis.

Nous ne pouvons naturellement avoir la prétention de donner ici un traité complet d'électro-chimie, tel que le *Manuel d'électro-chimie* de Vogel et Rœssing, 1891 ; l'*Électrométallurgie*, de Borchers ; les *Principes d'électro-chimie* de Jahn ; et surtout les ouvrages plus complets encore d'Ostwald et de Nernst, et nous nous contenterons de renvoyer le lecteur, pour cette étude, aux traités de chimie physique et autres ouvrages spéciaux.

Il nous a toutefois paru utile d'éviter au praticien la recherche des données physiques indispensables, en les résumant sommairement, avec les développements théoriques indispensables qu'elles comportent ; nous mentionnerons aussi plus spécialement les recherches théoriques les plus importantes concernant l'électrolyse des chlorures alcalins.

Exposition des principales propriétés du courant électrique.

On se fera une idée assez exacte du courant électrique en le comparant à un courant d'eau parcourant un tube fermé, avec une chute déterminée. Le travail fourni à l'extrémité inférieure du tube dépendra: 1° de la quantité des molécules d'eau mises en action ; 2° de la pression sous laquelle elles s'écoulent, c'est-à-dire de la chute. Si nous exprimons en kilogrammes la première quantité, désignée par i, et la seconde, ou la différence du niveau entre l'extrémité supérieure et l'extrémité inférieure du tube, désignée par e, en mètres, et si nous admettons que nous ne disposons pas naturellement de la masse d'eau voulue, à la hauteur convenable, mais que nous devons au contraire élever cette masse d'eau du niveau inférieur au niveau supérieur, il est clair qu'il nous faudra pour cela dépenser un travail qui sera exprimé en kilogrammètres par le produit $i \times e$.

Il est à peine nécessaire d'indiquer que nous ne pourrons jamais récupérer intégralement le travail fourni si nous forçons l'eau à travers un tuyau de conduite, car le frottement contre les parois du tuyau et aussi le frottement des molécules entre elles nous coûtera une perte de force vive. Ce quotient d'énergie, que nous désignerons par w, ne peut évidemment disparaître de l'ensemble des forces de la nature, il se transforme, dans la plupart des cas, en chaleur qui est inutilement dispersée par le rayonnement, quoique l'on puisse imaginer théoriquement que cette chaleur de frottement soit utilisée dans des conditions déterminées (par exemple pour suppléer au défaut de combustible). Du reste, il va de soi que la perte par frottement sera d'autant plus grande que le tube est plus long et d'autant plus faible que la section est plus grande. Il est aussi évident que des tuyaux d'espèces différentes (par exemple à surfaces lisses ou rugueuses) opposeront au courant des résistances différentes à égalité de section ; enfin, cette résistance sera bien plus grande si le tube, au lieu de conserver un diamètre constant dans toute sa longueur, présente une série d'étranglements. La résistance au frottement w se manifeste par ce fait que pour débiter une quantité d'eau déterminée par unité de temps, il faut ajouter à la hauteur d'élévation un chiffre correspondant à la résistance ; le débit i varie donc avec e et w, c'est-à-dire que pour une hauteur de chute, la quantité d'eau débitée est d'autant plus petite que la résistance w est plus grande, d'autant plus grande que la pression e est plus grande. Nous pouvons donc énoncer les lois suivantes : 1° le travail correspondant à l'élévation d'une quantité d'eau déterminée est égal au produit débit par hauteur $= i \times e$ kilogm.; 2° pour élever une quantité d'eau déterminée à travers un tuyau, le travail à fournir est directement proportionnel au produit $i\,e$, mais inversement proportionnel à la résistance w; 3° la quantité d'eau débitée sous l'action d'une chute e est directement proportionnelle à la pression et inversement proportionnelle à la résistance.

Nous pouvons appliquer ces lois au courant électrique ; le débit i correspond à l'intensité du courant J, la hauteur d'élévation, la pression ou la chute *e*, correspond au potentiel E (on dit couramment, dans le langage technique, la tension) ; la *résistance de frottement w* correspond à la *résistance du conducteur* W, qui comprend les résistances intérieures des générateurs d'électricité (éléments galvaniques ou machines dynamos) et les résistances extérieures des conducteurs de courant et des appareils récepteurs, bains électroytiques, etc., etc. Le travail électrique est ainsi égal au produit de l'intensité du courant par la tension J $\times$ E, la relation entre les trois quantités est exprimée par la loi de Ohm :

$$J = \frac{E}{W}$$

c'est-à-dire que l'intensité du courant est directement proportionnelle à la force électromotrice et inversement proportionnelle à la résistance des conducteurs. W représente naturellement la somme des résistances de la dynamo, des conducteurs et des bains. Il est facile de comprendre qu'un courant électrique, de même qu'un courant hydraulique, peut être utilisé soit en partageant le débit en plusieurs conduites, répartissant ainsi simultanément une intensité de courant entre plusieurs bains, ou bien en n'utilisant pas d'un seul coup toute la chûte, mais en la fractionnant sur plusieurs parcours et en créant entre les extrémités de chacun de ces parcours des différences de potentiel ou tension, ou enfin en utilisant à la fois les deux modes de répartition. Dans le premier cas, on accouple ensemble les pôles de même nom (distribution parallèle); dans le second cas, on les dispose alternativement (distribution en série).

Conducteurs d'électricité. — Les corps qui n'opposent pas une résistance notable au passage du courant électrique portent le nom de *conducteurs*, ceux qui lui opposent une résistance telle que l'existence du courant y soit à peine sensible, sont dits non conducteurs, ou *isolants*. Les conducteurs se divisent en deux classes : ceux de la première, qui comprend spécialement les métaux mais aussi le graphite, se laissent traverser par le courant sans modification de leur substance : ce sont les conducteurs de première classe. Le courant électrique développe dans ceux-ci un travail qui se transforme en chaleur et ce travail est proportionnel au temps, à la résistance et au carré de l'intensité. Soit : T $\times$ W $\times$ J² (loi de Joule). Les conducteurs de la deuxième classe, ou *électrolytes*, sont des substances composées dans lesquelles, outre le travail calorifique dont nous venons de parler, le courant développe un travail moléculaire par la résolution des combinaisons chimiques en leurs parties constituantes. Ces parties constituantes peuvent être des atomes élémentaires comme aussi des groupements d'atomes et sont désignées sous le nom d'*ions*.

La résistance est, comme nous l'avons déjà observé, proportionnelle à la longueur et inversement proportionnelle à la section du conducteur ; elle varie notablement avec la concentration et la température, elle croît pour les métaux, et en général pour tous les conducteurs de 1re classe, avec la température et pour tous les métaux approximativement suivant la même formule :

$$K^{t} = K^{o} (1 - 0.0037 \, t)$$

dans laquelle K désigne la conductibilité spécifique et t la température.

Inversement la conductibilité des conducteurs de la deuxième classe croît avec la température et bien plus vite que pour les conducteurs de la première classe. C'est ainsi que la conductibilité d'une solution de sel marin à 24.9 p. 100 répond à la formule :

$$K^{t} = 0.00001254 (1 + 0307 \, t + 0.000142 \, t^{2})$$

Pour une solution de sel marin à 26 p. 100, Kohlrausch indique :

$$K = 0.00002015 + 0.00000045 \, (t - 18).$$

Pour les conducteurs de la première classe on a l'habitude de prendre le pouvoir conducteur de l'argent comme unité et de le représenter par le chiffre 100, la plupart des autres métaux, le cuivre excepté, viennent bien après, comme le montre la table suivante :

Argent	100
Cuivre	77
Or	55
Zinc	27
Laiton	22
Fer	14
Étain	12
Platine	10
Plomb	8
Mercure	1.6
Bismuth	1.8
Graphite	0.07 à 0.40
Charbon des cornues	0.04
Charbon Bunsen	0.003

D'ailleurs les données des divers expérimentateurs diffèrent notablement, peut être à cause de l'inégale pureté des échantillons essayés. Nous voyons, d'autre part, que les modifications graphitiques du charbon sont conductrices, tandis que le diamant et le charbon de bois ne le sont pas.

Le graphite s'écarte d'ailleurs des métaux en ce point que sa conductibilité croît avec la température.

Dans la plupart des cas la conductibilité pour la chaleur est exactement proportionnelle au pouvoir conducteur pour l'électricité.

La *résistance à la conductibilité* d'un fil de cuivre de 1 ‰ diamètre (0,785 ‰² section) est égale par mètre courant à 0,022 ohm, celle d'un fil de 2 ‰ diamètre (3,14 ‰² section) à 0,0056 ohm, pour un fil de 3 ‰ diamètre (7,07 ‰² section) = 0,0025 ohm et ainsi de suite. Un ohm exprime la *résistance* d'une colonne de mercure de 1 m. 063 de longueur et de un millimètre de section à 0, cette résistance correspond approximativement à celle opposée par un fil de cuivre de 1 ‰ diamètre et 45 m. longueur ou encore à celle d'un fil de fer de 4 ‰ diamètre et de 100 mètres courants. (Voir page 11, unités des mesures électriques).

En ce qui concerne les conducteurs de deuxième classe, nous indiquons ci-après les valeurs des résistances spécifiques d'un grand nombre d'électrolytes qui nous intéressent, ces valeurs sont calculées pour des colonnes de un décimètre carré de section et de un mètre de longueur et sont exprimées en ohm, nous indiquons également, pour les dissolutions, le percentage de la diminution de la résistance rapporté à chaque degré de température.

Pour des conducteurs de a décimètre de longueur et de q décimètre carré de section, la résistance est $w = \dfrac{a}{q}$.

SELS FONDUS (Fr. BRAUN)

		Température
Azotate de potasse . . .	0.1451	342°
Azotate de soude	0.0822	314°
Carbonate de potasse. .	0.4388	1150°
Carbonate de soude. . .	0.439-0.46	920°
Sulfate de soude. . . .	0.2564	1280°
Chlorure de sodium. . .	0.1089	960°
Chlorure de plomb . . .	0.0373	580°
Chlorure de zinc	10.98	en fusion

DISSOLUTION (J. KOHLRAUSCH)

			Densité à 18 degrés	Résistance spécifique (Ohm)	Diminution pour 1° °/°
Chlorure de potassium à.	5 » 0/0		1.0308	1.4626	2.02
—	—	10 » —	1.0638	0.7422	1.89
—	—	15 » —	1.0978	0.4994	1.80
—	—	20 » —	1.1335	0.3767	1.69
—	—	25 » —	1.1408	0.3590	1.67

			Densité à 18 degrés	Résistance spécifique (Ohm)	Diminution pour 1°°/°
Chlorure de sodium à . .	5 » 0/0		1.0345	1.5022	2,18
—	—	10 » —	1.0707	0,8834	2,15
—	—	15 » —	1,087	0,6146	2,13
—	—	20 » —	1.1477	0,5155	2,17
—	—	25 » —	1,1898	0,4728	2,28
—	—	26 » —	1.1982	0,4691	2,31
—	—	26.4 —	1,2014	0,4680	2,34
Chlorure de calcium. . .	5 » 0/0		1.0400	1.5697	2,14
—	—	10 » —	1.0852	0,8841	2·07
—	—	15 » —	1.1311	0,6705	2,03
—	—	20 » —	1.1794	0,5838	2,01
—	—	25 » —	1.2305	0,5666	2,05
—	—	30 » —	1.2841	0,6086	2,17
—	—	35 » —	1.3420	0,7388	2,37
Chlorure de magnésium à	5 » 0/0		1.0416	1.4764	2,23
—	—	10 » —	1.0859	0,8942	2,21
—	—	20 » —	1.1764	0,7196	2,38
—	—	30 » —	1.2770	0,9520	2,84
—	—	34 » —	1.3201	1,3158	3,19
Chlorate de potasse à . .	5 » 0/0		1.0316	2,742	2,12

A 15 degrés

			Densité à 18 degrés	Résistance spécifique (Ohm)	Diminution pour 1°°/°
Carbonate de potasse à .	5 » 0/0		1.0449	1.793	2,22
—	—	10 » —	1.0919	0,9698	2,13
—	—	20 » —	1.1920	0,5702	2,11
—	—	30 » —	1.3002	0,4331	2,20
—	—	40 » —	1.4170	0,4645	2,47
—	—	50 » —	1.5728	0,6856	3,20

A 18 degrés

Carbonate de soude à . .	5 » 0/0		1.0511	2,235	2,53
—	—	10 » —	1.1044	1,431	2,72
—	—	15 » —	1.1590	1,206	2,95

A 15 degrés

Hydrate de potasse à . .	4.2 0/0		1.0382	0,6873	1,88
—	—	8.4 —	1.0777	0,3697	1,87
—	—	12.6 —	1.1177	0,2675	1,89
—	—	16.8 —	1.1588	0,2209	1,94
—	—	21.0 —	1.2088	0,1972	2,00
—	—	25.2 —	1.2430	0,1864	2,10
—	—	29.4 —	1.3008	0,1854	2,22
—	—	33.6 —	1.3332	0,1929	2,37
—	—	37.8 —	1.3803	0,2104	2,58
—	—	42.0 —	1.4298	0,2392	2,84

			Densité à 15 degrés	Résistance spécifique(Ohm)	Diminution pour 1° %
Hydrate de soude à	. . .	2,5 —	1.0280	0.9258	1.95
—	—	5 »	1.0568	0.5113	2.02
—	—	10 »	1.1131	0.3223	2.18
—	—	15 »	1.1700	0.2908	2.50
—	—	20 »	1.2262	0.3018	3.01
—	—	26 »	1.2823	0.3710	3.70
		A 18 degrés			
—	—	30 »	1.3374	0.4986	4.50
—	—	35 »	1.3907	0.6695	5.54
—	—	40 »	1.4421	8.8671	6.52
—	—	42 »	1.4625	0.9481	6.95

D'après la loi de ohm, la *résistance consomme une quantité équivalente de force électromotrice*, il importe donc qu'elle soit aussi faible que possible, afin de produire le maximum possible de travail électrique.

Ce résultat peut facilement être obtenu, pour les conducteurs extérieurs métalliques (généralement en cuivre), par l'augmentation de la section. Mais, pour les cas qui nous intéressent, la résistance opposée par les bains est bien plus considérable, on doit s'appliquer à la diminuer dans la mesure du possible par une concentration convenable de l'électrolyte et par l'élévation de sa température, on pourra aussi obtenir ce résultat en diminuant la densité du courant, c'est-à-dire en augmentant la surface des électrodes autant que le permettent les conditions spéciales du procédé et en les rapprochant autant que possible ; dans ce cas, et en l'absence d'un diaphragme, il faut éviter le danger d'un court circuit. Une fraction très importante de la résistance intérieure est occasionnée ordinairement par le diaphragme (la membrane) qui sépare le compartiment de l'anode de celui de la cathode.

Les électrolytes conduisent le courant et sont en même temps décomposés par lui, cette décomposition a toujours lieu dans un sens déterminé. Les éléments séparés sont désignés sous le nom d'*ions*. L'ion électronégatif se sépare du côté par lequel l'électricité positive pénètre dans le bain, l'ion électropositif au point de pénétration de l'électricité négative. Les pièces qui conduisent l'électricité dans le bain portent le nom d'*électrodes*, on désigne par *anode* celle qui constitue le pôle positif, et par *anion* l'élément (électronégatif) qui s'y sépare, par *cathode* l'électrode qui constitue le pôle négatif et par *cation* l'élément (électropositif) qui s'y sépare.

Les ions peuvent être des éléments tels que le chlore, qui joue le rôle d'anion, le potassium, le cuivre, etc, qui se comportent comme cations. Ou bien ils constituent des groupements moléculaires en eux-mêmes non isolables, mais qui se décomposent déjà dans la liqueur en leurs éléments, par suite de réactions secondaires, tel, comme anion, le groupement SO^4 qui réagit immédiatement en présence de l'eau pour former SO^4H^2 avec dégagement d'oxygène libre ; l'acide sulfurique n'est donc pas directement formé par l'électrolyse, mais prend naissance à la suite de réactions secondaires. Il en est de même pour l'hydrogène qui prend si fréquemment naissance à la cathode dans les cas qui nous intéressent, il se produit d'une manière secondaire, par exemple par la réaction du potassium formé à la cathode sur l'eau de la dissolution.

Le carbonate de soude Na^2CO^3 est décomposé par le courant en sodium et en une combinaison $NaCO^3$ qui n'a pas d'existence propre, le sodium, en présence de l'eau à la cathode, donne naissance à de la soude caustique et à de l'hydrogène libre, le groupement $NaCO^3$ se décompose à l'anode, également en présence de l'eau, en $2\,NaHCO^3$ et oxygène libre. Le bicarbonate de soude lui-même est décomposé par l'électrolyse en sodium et en un résidu acide HCO^3 qui se transforme à l'anode en acide carbonique et oxygène : $2\,HCO^3 = H^2O + 2CO^2 + O$.

Théorie de la dissociation électrique. — D'après la théorie édifiée par *Arrhénius* (Voir Bull. soc. chim. de Paris 1892-817, Reychler, considérations générales sur l'électrolyse) sur les travaux antérieurs de Clausius, théorie acceptée aujourd'hui par la majorité des chimistes, il faut pour qu'un liquide soit conducteur de l'électricité, que les combinaisons chimiques qu'il renferme soient susceptibles d'être dissociées au moins partiellement en leurs ions (dissociation électrique) et c'est précisément le déplacement de ces ions libres qui constitue le courant électrique. Il en résulte que le pouvoir conducteur est, toutes choses égales, proportionnel à la quantité et à la mobilité de ces ions libres. La mobilité, c'est-à-dire la vitesse, se compose additivement des vitesses individuelles des anions et des cations, toutefois ces vitesses sont complètement indépendantes les unes des autres et ne sont influencées que par la résistance de frottement opposée par le dissolvant au déplacement des ions. Par conséquent la vitesse d'un ion ne dépend, pour une température et une différence de potentiel déterminées, que de sa nature et elle constitue une constante tout aussi caractérisée que son équivalent chimique, sa couleur, etc.

Ainsi par exemple, pour des dissolutions aqueuses à 25 p. 100

et pour une chute de potentiel de un volt par millimètre, la vitesse exprimée en millièmes de millimètres est :

H 325 ; OH 167 ; métaux 40 — 70

Radicaux acides inorganiques 35 à 75, ions organiques 15 à 70 (Zeitsch, f. Elektrotechn, u. Élektrochemie, 1894-409.)

(D'après cette théorie, pour qu'une matière puisse exister à l'état d'ion, il faut qu'elle soit susceptible de recevoir ou de conserver une charge électrique positive ou négative correspondante à sa valence ou à sa capacité de charge. Ainsi lorsqu'un sel est dissocié dans sa solution, le métal se charge d'électricité positive, le radical acide d'électricité négative. Certaines substances, parmi lesquelles les métaux, ne peuvent entrer en solution que lorsqu'elles sont susceptibles de recevoir une charge d'électricité posiitive. Les métaux dont la tension de dissolution est élevée (le zinc par exemple) se la procurent aux dépens des ions en solution auxquels ils empruntent la charge nécessaire. Mais comme les ions ne peuvent subsister lorsque leur charge électrique leur est enlevée, il en résulte qu'en ce cas ils devront se déposer dans l'état moléculaire et nous constaterons alors, suivant les cas, une séparation de métal ou d'hydrogène. Des phénomènes analogues se manifestent lorsqu'on plonge dans un électrolyte au moins deux conducteurs de première classe chargés continuellement, l'un d'électricité positive, l'autre d'électricité négative. Dans ces conditions les ions chargés d'électricité négative, les anions, (les radicaux acides, par exemple) déposeront leur charge au premier pôle et les ions chargés d'électricité positive, les cations, (l'hydrogène et les métaux) à l'autre pôle ; ils se déposeront à l'état moléculaire, à moins qu'ils ne soient susceptibles d'entrer en réaction avec les éléments de la solution ou avec la substance des électrodes ou bien encore à moins que la matière de l'électrolyte ou des électrodes soit susceptible de polarisation. Dans tous les cas on ne peut concevoir la production de l'électricité ou l'établissement du courent dans des conducteurs de deuxième classe, sans la migration des ions, soit des cations vers la cathode et des anions vers l'anode.)

(Les considérations développées dans cette parenthèse sont dues au Dr W. Borchers. Nous devons nous borner à cette simple indication des nouvelles théories électrochimiques, acceptées par presque tous les théoriciens, un développement plus approfondi n'entrant pas dans le cadre de cet ouvrage.)

Unités électriques. — Nous indiquons ici les unités suivantes, telles qu'elles ont été déterminées par le congrès international des électriciens tenu à Paris, en 1881.

L'unité de courant est l'*Ampère* (A), c'est l'intensité constante de courant capable de séparer en une seconde 0 g. 001118 d'argent d'une solution de nitrate d'argent et qui, d'après la loi de Faraday, dépose pour les autres substances, une quantité égale à 0,010386 fois leur équivalent milligramme (ce que les nouvelles théories expriment en disant que cette quantité d'électricité constitue la charge d'électricité des ions dissociés en solution).

L'unité pratique de quantité d'électricité est le *coulomb* (Cb), elle exprime la quantité d'électricité qui est fournie en une seconde par un courant constant de un Ampère.

L'unité de résistance est *l'ohm* (Ω) qui exprime la résistance d'un fil de mercure de 1 millimètre carré de section et de 1,063 m. de longueur à la température de 0°.

L'unité de force électromotrice ou de différence de potentiel (tension) est obtenue en mesurant la différence de potentiel aux extrémités d'une résistance de 1 Ω lorsqu'on fait passer un courant de un Ampère, elle est désignée sous le nom de *Volt*. (Un élément de Daniell a une tension de 1,12 Volts.)

Le travail électrique, comme tout autre travail, se compose de deux facteurs : intensité de courant (quantité d'électricité) et tension. Son unité est le *Volt-Ampère* ou *Watt* (V A).

Exprimé en travail mécanique, un Watt $= \dfrac{1}{9,81}$ kilgm $=$

0.102 kilgm ou $\dfrac{1}{736}$ cheval vapeur.

Exprimé en unité de chaleur, (1 calor $=$ 425 kilgm) 1 Watt $=$ 0.00024 grandes calories ou plus exactement $=$ 0.24104 calories grammes. D'après cela on évalue les effets électriques en travail correspondant effectué dans l'unité de temps, p. ex. en Watt-secondes on en Watt-heures.

L'unité anglaise du *Boarde of Trade* = 1000 Watt-heures. La quantité de 0.24104 calories grammes représente par conséquent l'équivalent calorifique d'un Watt, et cette quantité de chaleur est produite lorsque le courant ne détermine pas une action électrique, mais une action calorifique.

Inversement, pour produire une calorie gramme par seconde, il faut employer un courant de 4,164 V A. La relation entre ces facteurs d'énergie et la résistance d'un conducteur est exprimée par la loi de Ohm : $A = \dfrac{V}{\Omega}$

Pour la détermination des mesures électriques on n'emploie aujourd'hui, dans les usages techniques, que les voltmètres et les ampère mètres construits par des maisons de confiance et qui indiquent directement en chiffres le nombre de volts et d'ampères ; les principes théoriques d'après lesquels ces appareils sont construits ne peuvent être décrits dans cet ouvrage. *Ces instruments devraient être contrôlés de temps à autre dans un institut de physique.*

Calcul de l'intensité du courant. — La loi électrique, découverte par Faraday en 1833, a reçu l'expression suivante de F. Kohlrausch : *Un même nombre de molécules électrochimiques est décomposé dans le même temps par le même courant; ou bien : chaque molécule élec-trochimique exige pour sa décomposition la même quantité d'électri-cité ou la même intensité de courant.*

Nous pouvons substituer à la notion de la molécule électrochi-mique celle de la valence ou de l'atomicité. On comprendra par suite que des courants d'égale intensité, dans un même temps, décompo-seront n molécules de chlorure de sodium, mais seulement $\frac{n}{2}$ mo-lécules de sulfate de soude, de sulfate de cuivre ou de chlorure de calcium, de même le chlorure cuivreux $Cl^2 Cu^2$ laissera déposer deux fois autant de cuivre que le chlorure $Cl^2 Cu$.

D'après la loi de Faraday, le travail de décomposition électroly-tique est par conséquent une fonction de l'intensité du courant, universellement exprimée aujourd'hui en ampères et du poids équi-valent chimique, c'est-à-dire du poids atomique divisé par la valence de l'élément en question. Le travail effectif s'obtient en multipliant par une constante, qui, ainsi que nous l'avons vu page 12, repré-sente 0,010386 mg. pour la seconde ou 0,03739 g. pour l'heure. Dif-férentes valeurs sont encore admises pour cette constante ; Vogel et Rœssing la fixent à 0,010411 ; d'autres auteurs lui donnent une valeur un peu inférieure, telle que 0,01035. D'après Borchers, le chiffre exact serait 0,010359 g.

On en déduit les équivalents électrochimiques suivants qui représentent la quantité, exprimée en grammes, théoriquement dépo-sée par un courant de un ampère par heure ou par 24 heures, ou bien celle qui prend naissance à la suite de réactions secondaires (dans ce cas, il faut considérer que la formation du chlorate consomme 6 équivalents : $6 KOH + 6 Cl = KClO^3 + 5 KCl + 3 H^2O$) (véritable).

	Grammes par ampère heures	Grammes par ampère 24 heures
Chlore	1.3236	31.766
Sodium	0.8600	20.640
Potassium	1.4582	34.997
Hydrate de soude . .	1.4956	35.894
Carbonate de soude .	1.9817	47.561
Hydrate de potasse . .	2.0938	50.251
Carbonate de potasse .	2.5799	61.918

	Grammes par ampère heures	Grammes par ampère 24 heures
Chlorate de soude . .	0,6630	15,912
Chlorate de potasse. .	0.7627	18.305
Hydrogène	0,0374	0,898
Oxygène	0,2992	7,184

Par l'électrolyse du chlorure de sodium, séparé en chlore et soude caustique, on peut effectivement, dans des installations bien comprises, obtenir un rendement de 80 à 85 p. 100 du travail théorique de décomposition, ce rendement est en pratique d'environ 66 p. 100 dans la préparation des chlorates. Les différences constatées entre les effets théoriques et les effets pratiques du courant sont dues à des causes diverses. D'abord, lorsqu'on électrolyse des dissolutions aqueuses, on ne peut éviter les réactions secondaires ; notamment, lorsqu'il s'agit de la décomposition du sel marin, il se produit de l'hypochlorite ou du chlorate de sodium, ou ces deux sels simultanément. L'effet des réactions secondaires peut être atténué par l'emploi de diaphragmes ou par d'autres moyens, mais ces réactions ne pourront jamais être complètement évitées, elles se manifestent avec d'autant plus d'intensité que la transformation du chlorure de sodium en soude caustique progresse davantage.

En ce qui concerne la préparation électrolytique des chlorates, les réactions secondaires sont encore plus gênantes, car dans ce cas il y a séparation d'oxygène par suite de l'électrolyse secondaire de l'hypochlorite et peut-être même du chlorate.

Une autre cause de l'utilisation incomplète du courant pour la décomposition du chlorure de sodium est due à ce que dès que la soude caustique, le chlorate, etc., ont pris naissance, le courant ne passe plus seulement à travers le sel marin, mais aussi à travers la soude caustique, etc.

Une troisième cause est due à la « migration des ions des produits finaux » (page 9). Ces phénomènes ont été étudiés théoriquement et expérimentalement, par exemple par Hurter (On Electrolysis, Liverpool Physical Society, Inaugural Adress by Ferd. Hurter 1893) et aussi par beaucoup d'autres auteurs. Il est singulier qu'il ait admis, dans cette dissertation, que ces phénomènes avaient passé inaperçus jusqu'à ce jour. Hurter arrive à cette conclusion pratique que l'action du courant va sans cesse en diminuant, ce qui est connu depuis longtemps déjà. Les chiffres qu'il a trouvés ne méritent pas d'être reproduits, car ils ne s'appliquent qu'aux conditions spéciales dans lesquelles il a opéré et sont susceptibles de modifications suivant la nature des diaphragmes employés, la température et en général suivant chaque cas particulier. Ainsi par exemple, je puis affirmer que, dans une usine fort bien dirigée, la pratique industrielle a démontré qu'il ne fallait poursuivre l'électrolyse que jusqu'à transformation en soude de 26 p. 100 du chlorure de sodium, tandis que dans une autre fabrique on décompose plus de 50 p. 100 de sel et qu'ailleurs on prétend obtenir encore de meilleurs résultats.

Les procédés dans lesquels le produit solide de la décomposition ne reste pas en solution dans l'électrolyte, mais se dépose d'une manière ou d'une autre, permettent d'éviter la plupart des causes de perte que nous venons d'indiquer. Au nombre de ces procédés, il faut compter ceux qui seront décrits plus loin et qui consistent à électrolyser le chlorure de sodium à l'état fondu ou dans lesquels les cathodes se trouvent en contact avec du mercure qui retient le sodium réduit à l'état d'amalgame ; on évite ainsi qu'il ne soit transformé en soude caustique par décomposition avec l'eau à la cathode. La même considération s'applique naturellement au procédé de fabrication du chlore de Lyte, qui consiste à électrolyser le chlorure de plomb fondu. Dans ce cas on évite complètement les réactions secondaires et les décompositions occasionnées par les produits de l'électrolyse au sein de la dissolution.

Travail de décomposition dans l'électrolyte. — La décomposition d'une combinaison, d'une molécule en ses ions, n'exige pas seulement une intensité de courant déterminée, mais aussi une certaine tension (force électromotrice). L'intensité du courant n'exerce en elle-même qu'une action quantitative ; d'après la loi de Faraday, nous voyons que des courants d'égale intensité produisent des quantités pondérales d'ions fort différentes, mais qui sont toujours en rapport avec leur équivalent. On sait que pour séparer une molécule en ses éléments, il faut fournir une quantité d'énergie égale à celle qui a été dépensée pour sa combinaison. Toutefois, pour des molécules différentes, cette énergie n'est nullement en rapport avec le poids atomique de ces molécules, comme c'est le cas uniquement pour la loi de Faraday ; bien au contraire, les mêmes équivalents de différents composés exigent pour leur combinaison des quantités d'énergie extrêmement variables dont la mesure nous est donnée par la chaleur de formation, c'est-à-dire par la quantité de chaleur mise en liberté lorsque le composé prend naissance de ses composants. Cette énergie devra par conséquent être fournie de l'extérieur (sous forme de chaleur ou sous toute autre forme) lorsqu'il s'agira de résoudre de nouveau la composition, afin de rendre à chaque composant son énergie potentielle primitive (au sens chimique, son affinité ou sa tendance de combinaison).

Le travail électrique étant le produit de l'intensité et de la tension, et l'intensité du courant ne pouvant être en rapport avec l'énergie de combinaison de la molécule qui se manifeste sous forme de chaleur, puisqu'elle est constante pour des équivalents égaux de tous les corps, par conséquent, pour toutes les molécules ou du moins pour les mêmes valences, le deuxième facteur dont se compose la force nécessaire pour vaincre l'énergie de combinaison doit être cherché uniquement dans la tension qui par suite doit être en rapport direct avec la tonalité thermique.

Cette considération est confirmée par ce fait qu'en effet, lorsqu'un conducteur est traversé par un courant, la chaleur qui se manifeste ne dépend pour une même intensité de courant, par conséquent, pour le même nombre de molécules, uniquement que de la force électromotrice.

Nous avons vu plus haut (page 12) qu'une quantité d'électricité (intensité de courant) de 1 ampère fait déposer ou entrer en solution une quantité de 0,010386 fois l'équivalent milligramme ou 0,000010386 fois l'équivalent gramme des différentes substances. 1 équivalent gramme exige par conséquent pour sa séparation ou sa dissolution $\dfrac{1}{0,000010386} = 96283$ A. Si donc nous désignons par W la chaleur de formation (en y comprenant la chaleur de dissolution) d'un équivalent gramme de la combinaison chimique considérée par E, la force électromotrice exprimée en Volts (le potentiel), et si nous tenons encore compte de l'équivalent calorifique de l'ampère $= 4,164$, déterminé comme il a été dit plus haut (page 12), nous aurons les relations :

$$W = \frac{96283\ E}{4,164}$$

et
$$E = \frac{W}{23112},$$

c'est-à-dire que l'action d'une différence de potentiel de 1 volt sur un électrolyte est égale au quotient du nombre qui exprime l'équivalent termochimique exprimé en calories grammes, par la constante 23112, ou par 23,1 si l'on considère les grandes calories.

On pourrait donc calculer la quotité de la tension (force électromotrice) nécessaire pour scinder une combinaison chimique en ses éléments (loi de Thomson) en divisant par 23,1 [1] le nombre exprimant la tonalité thermique (en grandes calories) rapportée à l'équivalent de l'élément considéré entrant en décomposition ; ce quotient exprime l'équivalent électromoteur du travail moléculaire exigé pour la décomposition.

1. Berthelot admet de 23,2, d'autres auteurs en prennent que 23,078 pour l'équivalent Thermique d'un Volt, ainsi que nous le verrons plus loin en étudiant leurs travaux.

Dans le cas particulier qui nous occupe, il faut considérer spécialement la décomposition du chlorure de sodium, en hydrate de soude et en chlore qui s'opère d'après l'équation termochimique suivante :

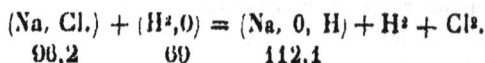

$$(Na, Cl.) + (H^2,O) = (Na, O, H) + H^2 + Cl^2.$$
$$96,2 \qquad 60 \qquad 112,1$$

Il faut évidemment retrancher la chaleur de formation des produits de la chaleur de formation de l'électrolyte. Le deuxième membre de l'équation est inférieur de $165,2 - 112,1 = 53,1$, calories au premier, donc le passage du premier système au second exigera $\dfrac{53,1}{23,1} = 2,30$ volts pour le travail moléculaire. On obtient exactement la même valeur pour la décomposition d'une solution de chlorure de potassium en hydrate de potasse et chlore; ces nombres sont bien inférieurs à ceux que nous allons donner tout à l'heure, tels qu'ils sont obtenus pour la décomposition des chlorures anhydres ou supposés tels, en métal alcalin et chlore. Ce fait s'explique par la raison que la formation de l'alcali produit par la réaction du métal alcalin avec l'eau est due évidemment à une réaction secondaire constituant elle-même une source d'énergie qui vient diminuer la quantité exigible, sous forme d'électricité, pour le travail moléculaire de la décomposition.

Le calcul indique une tension sensiblement plus élevée pour la décomposition en Na et en Cl du chlorure de sodium en solution (comme c'est le cas lorsqu'on emploie des cathodes de mercure), soit $\dfrac{96,2}{23,1} = 4,16$ volts ; pour le chlorure de potassium décomposé en K et Cl le calcul indique $\dfrac{100,8}{23,1} = 4,36$ volts.

Lorsqu'il s'agit des chlorures fondus, le calcul thermochimique donne les résultats suivants :

$$Na\ Cl = \frac{97,3}{23,1} = 4,21 \text{ volts.}$$

$$K\ Cl = \frac{105,0}{23,1} = 4,53 \text{ volts}$$

$$Ca\ Cl^2 = \frac{170,2}{2 \times 23,1} \quad 3,68 \text{ volts}$$

$$Pb\ Cl^2 = \frac{85,2}{2 \times 23,1} = 1,84 \text{ volts}$$

Toutefois dans ces cas, la tension calculée diffère sensiblement de celle qui a été reconnue nécessaire par la pratique. La température de fusion très élevée à laquelle le travail s'opère, favorise généralement la décomposition, car elle peut devenir en elle-même une source d'energie et réduire ainsi la consommation d'électricité nécessaire pour le travail de décomposition, il arrive même que dans certains cas on observe une consommation de force sensiblement inférieure à celle indiquée par le calcul. Dans d'autres cas celle-ci se trouve au contraire dépassée, ainsi que nous allons le voir tantôt.

De plus de nouveaux essais de Helmholtz et d'autres ont montré que la tension électrique nécessaire pour la dissociation d'un composé ne dépend pas exclusivement de la chaleur dégagée lors de la formation de ce composé, mais que d'autres facteurs interviennent encore : nous ne pouvons toutefois les prendre ici en considération, d'autant plus que les différences qui en résultent avec les tensions de dissociation calculées d'après les données thermochimiques ne sont pas très importantes. L'écart qui existe entre la tonalité thermique et l'énergie électrique nécessaire pour la décomposition se manifeste sous forme de « chaleur secondaire » dans la chambre de décomposition.

Lorsque les produits de l'électrolyte sont susceptibles de se recombiner dans le bain lui-même (toutefois toujours avec séparation d'un produit secondaire déterminé, car sans cela l'électrolyte n'aurait aucun sens), il y a également lieu de tenir compte dans le calcul de la différence des chaleurs de formation. Par exemple dans le cas de la production d'une liqueur de blanchiment, le chlore formé à l'anode se combinant avec l'hydrate de sodium formé à la cathode pour donner naissance à de l'hypochlorite, le calcul s'établira de la manière suivante :

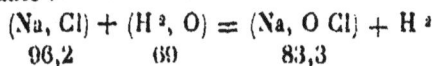

$$(Na, Cl) + (H^2, O) = (Na, O Cl) + H^2$$
$$96,2 \qquad 69 \qquad 83,3$$

soit
$$\frac{105,2 - 83,3}{23,1} = 3,54 \text{ volts.}$$

Nous mentionnerons plus bas des recherches spéciales, théoriques et expérimentales, dues à Nourrisson, Berthelot et autres, concernant la tension de dissociation de divers corps.

Toutefois ces tensions (abstraction faite des cas signalés plus haut dans lesquels le travail s'opère à des températures élevées) ne peuvent être considérées que comme des valeurs minima théoriques. Les conditions sont bien différentes dans la pratique, d'abord parce que la résistance intérieure des bains est bien plus considérable pour les dissolutions que pour les corps solides (ou fondus), et qu'elle est aussi fortement influencée par la nature du diaphragme qui sépare le compartiment de l'anode de celui de la cathode, ensuite à cause de la polarisation. Ces deux causes ont pratiquement pour effet une augmentation de la tension nécessaire.

Les procédés qui évitent l'emploi de diaphragmes etc. présentent par conséquent un grand avantage théorique, ce résultat ne peut être obtenu que lorsqu'il est possible d'empêcher les produits de l'électrolyse de réagir de nouveau entre eux, il en est de même des procédés dans lesquels il n'y a pas production de gaz aux électrodes : la polarisation se trouve ainsi supprimée. Il ne faut pas perdre de vue qu'on doit souvent, lorsqu'on opère en grand, employer une force électromotrice plus considérable que celle dont on a besoin dans des essais sur une petite échelle, car pour envoyer un grand nombre d'Ampères dans un conducteur de section déterminée, de manière à obtenir une production suffisamment élevée, il est nécessaire de travailler avec une différence de potentiel plus considérable que celle strictement exigée. Les expériences faites jusqu'à ce jour permettent d'admettre qu'une différence de potentiel de 4 Volts suffit certainement pour l'électrolyse du chlorure de sodium en dissolution, même dans une exploitation en grand et en tenant compte de la résistance du bain (si l'on emploie de bons diaphragmes) et de la polarisation.

A côté de la force électromotrice et de l'intensité du courant, il faut encore considérer la densité du courant, c'est-à-dire le rapport entre la surface des électrodes et la quantité de courant qui les traverse. On obtient les résultats les plus favorables lorsque la densité du courant ne dépasse pas une certaine limite qui est très variable suivant les appareils et les procédés adoptés et qu'on ne peut déterminer, pour chaque cas particulier, que par l'expérience. Lorsque la densité du courant est mal calculée il se produit des phénomènes secondaires qui peuvent occasionner une notable perte de courant.

Lorsque, dans chaque cas particulier et pour une surface d'électrodes déterminée, l'intensité du courant aura atteint une certaine limite, on ne pourra la dépasser sans employer une force électromotrice plus considérable que précédemment. Supposons par exemple que, pour un cas déterminé, cette limite soit atteinte avec 500 Ampères et que la tension aux bornes nécessitée dans ce cas soit de 5 Volts : si l'on veut produire plus de travail et envoyer environ 1000 Ampères dans le bain, on ne pourra le faire qu'en employant une tension plus forte.

L'élévation de la tension aux bornes nécessitée par l'augmentation de l'intensité du courant dans le bain peut, en négligeant d'abord l'influence de la densité du courant, se calculer d'après la formule suivante dans laquelle ΔP indique la tension aux bornes (différence de potentiel) I l'intensité du courant, E la tension minima pour la séparation de la molécule, en y comprenant tous es autres facteurs qui restent constants lorsque l'intensité du courant varie, W la résistance du bain :

$$\Delta P. I = E I + I^2. W$$

Cette équation peut être divisée par I. on obtient alors :

$$\Delta P = E + IW$$

ce qui exprime que la différence de potentiel n'augmente pas proportionnellement à l'intensité du courant, mais dans un rapport plus faible. Si par exemple W est faible en comparaison de E, on pourra travailler avec une intensité de courant beaucoup plus grande, sans qu'il soit nécessaire d'élever notablement la tension aux bornes.

Toutefois, si après avoir élevé l'intensité du courant, on n'augmente pas également la surface des électrodes, ce rapport est modifié dans le sens d'une augmentation de la densité du courant, il en résulte des réactions secondaires qui peuvent influencer très notablement la tension, presque toujours dans le sens d'une augmentation.

Ainsi par exemple, si l'on veut envoyer dans le bain 1000 Ampères au lieu de 500, il faut employer 6 à 8 Volts au lieu de 4 seulement, or le travail de décomposition ne s'élevant que proportionnellement à l'intensité du courant et n'étant pas influencé par l'élévation de de la tension, il en résultera une augmentation du travail mécanique proportionnellement plus considérable par rapport au rendement obtenu. Toutefois la densité du courant constituant, d'après ce qui précède, un facteur important de la différence de potentiel, on pourra souvent éviter une élévation de travail mécanique hors de proportion avec l'augmentation de rendement que l'on se propose d'obtenir en agrandissant les surfaces des anodes ou de la cathode, ou de toutes les deux à la fois.

Même dans le cas où cet agrandissement ne serait pas possible, on pourra parfois travailler avec une densité de courant plus élevée que le minimum nécessaire dans le but d'accéler le travail dans les bains : c'est un compte à faire pour chaque cas particulier.

L'influence de la densité du courant se manifeste par exemple encore de la manière suivante : Si l'on emploie une densité de courant très élevée, c'est-à-dire si l'on fait passer des courants puissants à travers des électrodes de faible surface, il peut se produire que les éléments séparés, qui doivent exercer une action sur leur milieu ambiant, ne puissent réagir que partiellement parce que leur contact avec les corps qui les entourent n'a pas lieu sur une surface suffisamment grande. Une diminution de concentration de l'électrolyte peut avoir absolument le même résultat, l'anion ou le cathion ne trouvent pas, dans ce cas, à leur disposition une quantité suffisante de molécules pour déterminer les réactions secondaires.

Ces deux causes n'influencent donc que les réactions secondaires, tandis que l'électrolyse primaire est indépendante de la
grandeur et de la nature des électrodes, comme aussi de la concentration des solutions [1].

Ainsi que nous allons le voir, la plupart des inventeurs font
usage de diaphragmes dans l'électrolyse de solutions aqueuses de
chlorure de sodium et cet emploi est absolument justifié, car la disposition des appareils imaginés par ces inventeurs prédispose
à la prédominance des réactions secondaires. Sans doute les diaphragmes n'ont pas seulement pour effet d'occasionner une perte de
force électromotrice, par suite de l'augmentation de la résistance
intérieure (voir page 8), mais encore, dans bien des cas, ils sont peu
durables. On a fait à ce sujet un grand nombre de propositions, il
en est de même pour les anodes qui non seulement sont continuellement exposées à l'action du chlore, mais ont souvent à souffrir
davantage encore de l'action de l'oxygène produit par les réactions
secondaires.

Ces propositions seront examinées dans le chapitre VII à moins
qu'elles n'aient été étudiées antérieurement déjà, lors de la description des appareils.

Rendement des machines dynamos.

En multipliant la force électromotrice par l'intensité du courant
on obtient le travail a fournir par la dynamo, il est exprimé en Volts
Ampères on Watts (voir page 12).

Une force d'un cheval (= 75 kilgm) est capable de produire 736
Watts ou bien, suivant l'évaluation usitée en Angleterre (550 livres
pieds = 76,041 kilgm) 746 Watts. On prend souvent pour base de
calcul le kilowatt = 1000 Watts au lieu du cheval ; en Angleterre le
kilowatt-heure est désigné sous le nom de « Board of Trade Unit »

Avec une différence de potentiel de 4 Volts par exemple une force
d'un cheval pourra donc fournir $\frac{736}{4} = 184$ Ampères qui produiront théoriquement 184×1.3226 g. de chlore soit 243,5 g. par
heure, ce qui correspond à 5844 g, en 24 heures et à 1753 kilog. pour
300 jours de travail effectif.

Toutefois il ne faut pas perdre de vue qu'il s'agit ici de chevaux
électriques, c'est-à-dire de l'effet utile obtenu aux bornes polaires

---

1. D'après le Dr W. Borchers une augmentation de la densité du courant ou une
diminution de la concentration peuvent produire des phénomènes électrolytiques pri-
maires à côté de celui que l'on se propose de réaliser, ces phénomènes ont souvent été
envisagés par erreur comme d'ordre secondaires.

des machines dynamos. Avec les fortes machines on obtient un rendement inférieur de 7 à 10 p. 100 à celui indiqué sur l'arbre moteur et de 15 p. 100 environ au rendement en chevaux indiqués dans le cylindre à vapeur, pour ce dernier on peut admettre un effet utile de 630 Volts Ampères seulement. On évite toute équivoque en prenant les kilowatts pour base de calcul.

Les conditions sont bien plus défavorables pour les petites machines. Dans ce cas la consommation de charbon nécessaire pour développer la force en chevaux indiqués est déjà beaucoup plus considérable que pour les grandes machines à vapeur, munies de bonnes dispositions pour l'expansion et la condensation ; tandis que les meilleures machines de cette dernière catégorie (à triple expansion) ne consomment guère que 0 k 800 de charbon par cheval heure, cette consommation atteint 2 kilog. et même davantage dans les petites machines. Dans les grandes machines la perte entre le cylindre à vapeur et l'arbre moteur est moins éevée, il en est de même pour les fortes machines dynamos : leur rendement est supérieur à celui des petites machines, notamment le rendement en travail fourni par le courant est inférieur dans les dynamos à faible tension. Aussi emploie-t-on toujours de préférence des dynamos à tension élevée, dans ce cas on dispose plusieurs bains l'un derrière l'autre de telle sorte, par exemple, qu'une dynamo travaillant à la tension effective de 50 Volts desserve dix bains, avec une différence de potentiel de 5 Volts pour chacun d'eux.

Quincke fait remarquer ce qui suit (Chemik. Ztg 1893-655) relativement à l'utilisation de l'énergie pour sa transformation en courant électrique :

Avec les machines à vapeur les plus perfectionnées, qui ne consomment que 5 ½ kilog. de vapeur par cheval heure, on subit cependant une perte de 16 p. 100 dans la chaudière dans la machine à vapeur cette perte atteint 82 p. 100 et dans la dynamo encore 8 p. 100 de l'énergie distribuée. Quoiqu'il en soit, aujourd'hui encore, la machine à vapeur constitue la seule source d'électricité possible (?) La batterie sèche à gaz de Mond et Langer (qui consiste en plaques de gypse imprégnées d'acide sulfurique étendu, recouvertes sur leurs deux faces de feuilles de platine enduites de noir de platine et le long desquelles on dirige d'un côté un courant d'hydrogène, de l'autre un courant d'oxygène) n'a reçu aucune application pratique.

L'avenir seul pourra se prononcer sur la valeur, au point de vue pratique, de la batterie de Borchers (Zeit. Elektrotechn und Elektrochem. 1894 ; Ber. uber Jahresversammlung, page 24 ; Zeit. für angew. chem. 1895-96) ou d'autres batteries de ce genre. Actuellement, sans aucun doute, la source d'électricité la plus économique est la force hydraulique, avec accouplement direct des dynamos sur les turbines.

Recherches scientifiques spéciales concernant l'électrolyse des chlorures.

Les recherches anciennes concernant cette question ne peuvent présenter aujourd'hui qu'un intérêt très faible, aussi ne citerons-nous que pour mémoire : *Lidoff et Tischriomiroff* (chem. centralbl. 1882, 13, 747 ; Bullet. soc. chim. Paris, 1882-2-552 ; 1883-1-500, 1884-1260) ; *Naudin et Bidet* (Bullet, soc. chim. Paris, 1883, 40, 2) *Jurisch* (chem. ind. 1888-100) *Bartoli et Papasogli.* (Bullet, soc. chim. Paris, 1882, 2, 560.) *Tommasi,* (Bullet, soc. chim. Paris, 1883, 1-649, 1886, 1, 144). *Hurter* (Journ. soc. chim. ind. 1888-722 ; Monit. scientif. Quesneville, 1889-410) reconnait que la réaction endothermique $2\,NaCl + 2\,H^2O = 2\,NaOH + H^2 + Cl^2$ (qui exige 53060 calories pour 58,5 chlorure sodique) peut être produite à l'aide de l'électricité, à la température ordinaire, ce qui constitue un avantage en faveur de l'électrolyse ; un autre avantage réside dans la possibilité d'utiliser, pour la transformation de la chaleur en travail mécanique, des intervalles de température plus considérables que ne le permet l'emploi direct de la chaleur. Mais les forces moléculaires sont considérables, lorsqu'on les compare aux forces mécaniques dont nous disposons. par suite il faut employer des machines très puissantes pour produire relativement peu de travail.

Pour produire par l'électrolyse 1000 kgrs d'hydrogène ou leur équivalent, il faut employer un courant de 1000 ampères, nuit et jour pendant trois ans (ce qui correspond à 35.5 tonnes de chlore, soit 100 tonnes chlorure de chaux !) La consommation d'électricité pour vaincre les résistances est aussi bien plus considérable que celle qui est théoriquement nécessaire, quoique la transformation de l'énergie mécanique en électricité puisse s'opérer aujourd'hui d'une manière très complète (environ 90 p. 100).

En mettant à 1/4 pence (= 0 fr. 025) le prix d'un cheval-heure et en admettant un rendement de 80 pour 100 pour la transformation de la force mécanique en courant électrique et de 50 pour 100 pour la conversion de ce courant en énergie moléculaire, Hurter arrive à une dépense totale de 4 livres sterlings (100 fr. 80) pour la décomposition de 1000 kilog. de sel en chlore et en une solution de soude caustique, alors que le produit de la vente de tous les produits retirés du traitement du sel par le procédé Leblanc ne s'élève qu'à 6 livres sterlings (?)

Un autre inconvénient réside, d'après Hurter, dans la perte considérable occasionnée par la résistance à travers les diaphragmes poreux, elle peut atteindre 0,01 et même 0,1 ohm. Pour faire passer à travers le bain un courant de 1000 ampères sous une résistance de 0,01 ohm, la force électromotrice nécessaire sera, d'après la loi de ohm, de 12 Volts, en admettant la force électromotrice de polarisation $v = 2$ Volts, d'après la formule $A = \dfrac{V - v}{\Omega}$: il en résulte que 85 pour cent de la force mécanique sont perdus par suite de la résistance du diaphragme.

De plus les produits formés par l'électrolyse sont également conducteurs, la soude caustique est aussi traversée par le courant et il se produit une décomposition qui donne naissance à de l'oxygène. D'après Hurter la séparation des produits de la décomposition présente, dans les procédés électrolytiques, des « diffficultés presqu'insurmontables, (peu après cependant elles ont été complètement écartées dans la pratique), il conclue que l'électrolyse n'est pas applicable en pratique et ne constitue pas une opération industrielle pour la préparation économique des produits commerciaux.

Les prémisses posées par Hurter sont exactes en principe, ainsi qu'il résulte de la partie générale du présent chapitre, mais par l'introduction de données arbitraires, il a été conduit à un résultat final absolument faux. Il commet notamment une erreur complète en admettant que l'emploi d'un diaphragme poreux nécessite une force électromotrice de 12 Volts et que, par conséquent, 85 pour 100 de la force mécanique sont absorbés uniquement pour vaincre les résistances et la polarisation. Il est universellement reconnu aujourd'hui qu'en employant une disposition rationnelle des diaphragmes, et une densité de courant normale on peut réaliser industriellement l'électrolyse d'une dissolution aqueuse de chlorure de sodium avec une tension aux bornes de 4 Volts au plus.

Un nouveau mémoire de Hurter publié dans *Journ. soc. chim. ind.* 1895-428 ne renferme rien de bien intéressant pour la pratique, ses conclusions ont été vivement attaquées dans la discussion qui a suivi sa conférence. (*Bullet. soc. chim., Paris, 1895, mém. étrang. 1076*).

Fogh s'est livré, dans le laboratoire de Hempel, à un grand nombre de recherches sur les phénomènes chimiques qui se produisent lorsqu'on électrolyse une dissolution aqueuse de chlorure de sodium. Les résultats auxquels il est arrivé pouvaient, en grande partie, se déduire à priori des propriétés générales du courant électrique, de l'influence exercée sur la résistance par la température et la concentration, etc. Ainsi par exemple il était facile de prévoir que l'électrolyse s'opérerait plus facilement à 60° qu'à 15°, voir même à — 16°, qu'il est plus avantageux d'employer des solutions concentrées au lieu de solutions étendues et qu'il est préférable de rapprocher les électrodes plutôt que de les tenir dans un grand écartement.

En ce qui concerne les réactions secondaires, la proportion de chlore a toujours été trouvée par Fogh très inférieure par rapport à celle de l'hydrogène, calculée d'après la théorie, en outre on a constaté la production d'oxygène due à la formation d'hypochlorite que le courant décompose ensuite partiellement, en donnant lieu à un dégagement d'oxygène. A une température plus élevée, l'hypochlorite disparaît et est converti en chlorate. On évite le dégagement de chlore en disposant les anodes au dessous des cathodes, de telle sorte que le chlore soit obligé de traverser la solution de soude caustique. Lorsqu'on fait usage d'un diaphragme, on obtient au début du chlore pur, mélangé ensuite d'une proportion toujours croissante d'oxygène ; par suite de la diffusion de la soude caustique dans le compartiment de l'anode, il y a formation d'hypochlorite que l'électrolyse décompose en métal, oxygène et chlore. Lorsqu'on opère sans diaphragme, de telle sorte que le chlore puisse se combiner immédiatement avec la solution de soude caustique pour former de l'hypochlorite, on ne peut longtemps continuer ainsi et l'on atteint bientôt une limite à laquelle la formation de l'hypochlorite s'arrête ; lorsque la formation de l'hypochlorite a atteint son maximum elle se maintient constante pendant longtemps et diminue ensuite progressivement. Cette diminution se manifeste très irrégulièrement, elle ne doit donc pas dépendre de la décomposition électrolytique elle-même, mais plutôt être occasionnée par l'hydrogène naissant. Par contre la totalité du chlorure de sodium ou du chlorure de potassium peut être transformée en chlorate ; aussi longtemps qu'il reste du chlorure dans le bain, le chlorate n'est pas décomposé par l'électrolyse. Toutefois, le chlorate se trouve partiellement réduit par l'hydrogène naissant ; l'application industrielle de l'électrolyse à la fabrication de ce produit ne pourra donc être économique que si l'on dispose de sources d'électricité à bon marché (ce qui du reste a été réalisé par Gall et Montlaur, avant la publication des recherches de Fogh, voir plus loin).

Fogh distingue les phases suivantes dans l'électrolyse d'une solution aqueuse de chlorure de sodium à la température de 10°.15° et sans emploi de diaphragme :

A. *Phase initiale.* — 1° Décompostion électrolytique de NaCl en Na et Cl ;

2° Décomposition de l'eau par le métal alcalin : $Na + H^2O = Na\,O\,H + H$;

3° Réaction du chlore sur l'hydroxyde, formation d'hypochlorite.

B. *Phase principale.* — 4° Décomposition électrolytique simultanée du chlorure et de l'hypochlorite suivant le rapport moléculaire 15 : 1. Reproduction des phénomènes 2 et 3 ;

5° Décomposition de l'hypochlorite en chlorate et chlorure.

C. *Phase accessoire.* — Réduction de l'hypochlorite et du chlorate par l'hydrogène naissant.

La décomposition du chlorate commence lorsqu'on continue l'électrolyse après l'accomplissement de la phase principale. Pour la production de 2 molécules de chlorate, il est nécessaire d'employer une quantité de courant capable de mettre en liberté 16 molécules de chlore d'une solution de chlorure ; or comme deux molécules de chlorate ne correspondent qu'à 12 molécules de chlore, il en résulte que, dans la phase principale, $\frac{12}{16} = 75$ p. 100 seulement du chlore sont utilisés pour la formation du chlorate. En l'absence d'un diaphragme une grande partie du chlorate (Fogh a trouvé 2/3 dans ses essais) est décomposée par l'hydrogène naissant, il en résulte que l'effet utile du courant n'est que de 25 p. 100 (comparez toutefois avec les essais de Oettel décrits au chapitre II).

Lorsqu'on électrolyse du chlorure de calcium ou du chlorure de magnésium et qu'on emploie un diaphragme, l'hydroxyde insoluble qui prend naissance ne peut pénétrer dans l'espace de l'anode, les réactions secondaires se trouvent supprimées et l'on peut utiliser chimiquement la presque totalité du courant. Ce résultat peut être obtenu avec une tension aux bornes de 2,7 V et une force d'un cheval heure (= 630 V. A.) produira dans ces conditions 303 gr. chlore, 315 gr. 8 hydrate de chaux et 8 gr. 5 hydrogène. Fogh admet que l'on puisse utiliser l'hydrogène comme combustible (ce qui toutefois n'a encore été réalisé pratiquement nulle part) et compte un cheval heure = 627840 calories, il en résulte que la consommation de calories pour la production de 71 gr. de chlore et de 74 gr. d'hydrate de chaux s'élève à 78817 calories, tandis qu'elle atteint 82806 calories pour la production d'une quantité équivalente de chlorure de chaux obtenu avec le sel marin, l'acide sulfurique, le manganèse et le calcaire (ce calcul n'a pas une grande valeur).

Nourrisson (compt. rend. 1894, 113 — 189. Bullet. soc. chim. Paris, 1894 — 401) a publié des calculs et des observations concernant la force électro-motrice minima nécessaire pour l'électrolyse des dissolutions de sels alcalins. Ses calculs sont basés sur le principe développé plus haut (page 18) : il divise par une constante (pour laquelle il admet le nombre 23,2) la différence entre la tonalité thermique des produits initiaux et des produits finaux et tient compte des essais récents de Helmholtz.

En ce qui concerne le chlorure de sodium, Nourrisson retranche de cette différence (53 calories) encore 6 calories pour formation secondaire de chlore et de composés oxygénés ; il arrive ainsi à une tension minima de 2,02 V. [Oettel (voir plus bas) a toutefois fait remarquer que cette soustraction n'est pas justifiée et que le nombre de 2,30 V primitivement admis doit être conservé.] Pour la décomposition du sulfate de soude, la tension minima est 2,15 V, d'après Nourrisson. Ce minimum serait une constante pour la décomposition de tous les oxysels alcalins. Les résultats des calculs sont complétés par des observations expérimentales sur les tensions minima dont nous donnons ici les résultats suivants :

K Cl	2,00 v.	K² SO⁴	2,4 v.	K Az O³	2,32 v.
Na Cl	2,02	Na² SO⁴	2,4	Na Az O³	2,36
Ca Cl²	1,95	(A₂ H⁴) SO⁴	2,29	Ca Az O³	2,28
Ba Cl²	1,94			Ba Az O³	2,37
Az H⁴ cl	1,83				

(Oettel attribue les chiffres très faibles donnés pour les chlorures à des erreurs instrumentales).

Le Blanc a également entrepris des recherches expérimentales sur la tension minima nécessaire pour la décomposition électrolytique des électrolytes (Compt.-rendu. 118, 411, Monit. scient. Quesnev. 1894-389) et il est arrivé à des résultats encore un peu plus faibles. Il a trouvé notamment pour le chlorure de potassium 1,96 V, pour le chlorure de sodium 1,98 V, pour le chlorure de calcium 1,89 V, pour le sulfate de soude 2,21 V, pour le sulfate de potasse 2,21 V, etc. Le même auteur (compt. rend. 118, 702) conteste l'exactitude du mode de calcul basé sur les données thermochimiques pour l'évaluation de la polarisation galvanique, tandis que *Berthelot* (ibid. 707) la maintient formellement, en invoquant que les valeurs trouvées à l'aide de ce calcul concordent remarquablement avec les résultats fournis par l'expérience, ce qui ne peut être dû au hasard. *Nernst* (Jahresber der Chem. de Rich. Meyer, 4,64) fait remarquer que Berthelot a, sans aucun doute, raison sur ce point, et ce fait prouve qu'il existe encore une lacune dans les nouvelles théories électrochimiques, puisqu'elles ne peuvent donner aucune explication de la concordance signalée plus haut.

Berthelot (ibid. page 120, Monit. scient. Quesn. 1894-370) fait remarquer que les valeurs trouvées par Nourrisson et Le Blanc peuvent se déduire d'un mémoire publié par lui en 1882 (Bullet. de la Soc. chim. de Paris, 1882, 2 page 100); ainsi par exemple la valeur calculée est pour le sulfate de potasse $\frac{15,7 + 34,5}{23,2} = 2,16$ V, celle trouvée par l'expérience 2,20 V.

Oettel (chem. ztg. 1894-69) rectifie les calculs de Nourrisson ; les considérations qu'il développe étant intéressantes, nous allons les examiner ici d'un peu plus près. Lorsqu'on emploie des électrodes à surface rugueuse, on pourra souvent mesurer directement la force électromotrice nécessaire à la décomposition, c'est-à-dire la tension au-dessous de laquelle l'électrolyse ne se produit pas : les produits de la réaction, liquides ou gazeux, s'accumulent sur la surface rugueuse des électrodes et y adhèrent en quantité suffisante pour que la cellule d'essai puisse, pendant un temps très court, remplir les fonctions d'un accumulateur. Au bout de quelque temps, lorsque cette charge est considérée comme suffisante, on interrompt le passage du courant et l'on interpose un instrument de mesure présentant une résistance élevée dont l'aiguille permet de lire directement la tension. Dans le temps que l'instrument est traversé par un courant de force très minime (de polarisation), les mêmes réactions que précédemment, lors du passage du courant primaire, s'accomplissent dans la cellule d'essai, mais en sens inverse et l'on pourra observer directement la tension de décomposition aussi longtemps que les deux électrodes resteront encore chargés des produits de la réaction ; lorsqu'ils ont disparu, la tension tombe.

Le temps pendant lequel la tension est intégralement indiquée par le courant de polarisation dépend de la grandeur des électrodes. Pour l'électrolyse du chlorure de sodium, en employant des électrodes en tôle noire ou en charbon des cornues et un diaphragme consistant en une cellule en terre réfractaire, Oettel a trouvé, avec le galvanomètre à torsion de *Siemens*, pour une intensité de courant de 3 à 60 ampères, une tension de décomposition de 2,25 à 2,28 volts, résultat très voisin du nombre 2,30, calculé comme il a été indiqué plus haut. Le chiffre de 2 volts, calculé par Nourrisson, doit probablement être attribué à une défectuosité des instruments.

La dissolution saline de chlore, formée dans le compartiment de l'anode, et la lessive de soude caustique, qui a pris naissance à la cathode, se rencontrent dans le diaphragme, par exemple dans la cellule en terre réfractaire, et forment de l'hypochlorite de soude. Ce produit est rapidement retransformé en chlorure de sodium, dans le compartiment de la cathode, sous l'influence réductrice du courant, tandis que dans le compartiment de l'anode il se trouve en partie oxydé à l'état de chlorate, en partie décomposé par l'électrolyse, le sodium se dirigeant vers la cathode pour donner naissance à de la soude caustique et à de l'hydrogène (Na O H + H²), tandis que de l'acide hypochloreux et de l'oxygène se forment à l'anode. Une partie du chlorate, formé dans une réaction tertiaire, est également décomposée avec formation de H, Na O H, HCl O³ et O, une autre partie pénètre dans le compartiment de la cathode et y est réduite à l'état de chlorure de sodium.

La formation de composés oxygénés du chlore doit par conséquent être attribuée uniquement à des réactions chimiques qui interviennent entre le chlore et l'alcali caustique. Leur production est directement proportionnelle à la vitesse avec laquelle les deux solutions diffusent à travers la membrane (du diaphragme). Toutes les autres conditions étant égales, cette vitesse est d'autant plus grande que les solutions présentent plus de différences et que la membrane est plus perméable, ce qui est confirmé par le fait que la production d'hypochlorite est d'autant plus forte que la proportion d'alcali caustique libre est plus grande dans la dissolution de la cathode et qu'elle augmente aussi lorsqu'on emploie des membranes très poreuses.

On ne possède pas encore d'observations précises concernant l'oxydation directe du chlorure alcalin, à l'état d'hypochlorite ou de chlorate, sous l'action du courant électrique. Il est certain que dans l'électrolyse des chlorures alcalins on trouve de l'oxygène mélangé au chlore, ce que l'on attribue généralement à la décomposition secondaire de l'hypochlorite. Toutefois, la faible quantité d'hypochlorite formé ne suffit pas pour expliquer la présence de proportions souvent notables d'oxygène. On peut en rechercher la cause dans un autre phénomène : l'alcali caustique est également décomposé par le courant, dans le compartiment de la cathode, avec formation de métal alcalin, d'hydrogène et d'oxygène. Naturellement le métal régénère immédiatement la molécule d'alcali caustique, de sorte que le résultat final est la décomposition de l'eau.

Le rapport suivant lequel le courant électrique et la décomposition qu'il provoque se partagent entre l'alcali caustique et le chlorure alcalin, dépend de la concentration et de l'alcalinité des lessives. Le passage du courant à travers l'alcali caustique est favorisé par deux circonstances : d'abord, à concentration égale, l'alcali caustique est meilleur conducteur que le chlorure, ensuite sa tension de décomposition est plus faible et égale à celle de l'eau = 1,5 V.

La fraction de courant absorbée par la décomposition de l'eau est naturellement perdue, il en résulte que le rendement diminue à mesure que la proportion d'oxygène mélangé au chlore augmente. Le rendement du courant sera encore bien inférieur dans l'électrolyse des sulfates, car dans ce cas les deux produits finaux sont bons conducteurs et le courant décomposera par conséquent trois subtances simultanément : le sel primitif, l'acide sulfurique et l'alcali caustique.

Ces considérations se trouvent confirmées par une observation de *Fogh* (*Inaugural dissertation*), qui a constaté que le chlore produit par l'électrolyse du chlorure de calcium ou du chlorure de magnésium est très pur et exempt d'oxygène. Dans ce cas les hydroxydes insolubles ou très difficilement solubles qui se déposent à la cathode ne sont plus influencés par le passage du courant, il ne se produit donc pas d'oxygène.

Arrhenius a prouvé que, contrairement à l'opinion souvent exprimée, l'électrolyse des sels alcalins n'était pas accompagnée d'une décomposition primaire de l'eau (*Zeit. für phys. chem.*, II, 805).

Il a montré, par ses essais, qu'on ne reconnaît qu'au bout d'un certain temps après la fermeture du courant la présence de l'hydrogène à la surface d'une cathode de mercure, tandis que, lorsque le courant passe à travers l'acide sulfurique, le dégagement de l'hydrogène se manifeste immédiatement : cette observation met hors de doute la séparation primaire du métal alcalin et la formation de l'amalgame.

La force électromotrice nécessaire pour l'électrolyse est influencée par les réactions secondaires et peut, dans certains cas, dépendre uniquement de ces dernières.

Lorsque le résultat des phénomènes secondaires est, dans plusieurs cas, le même que dans l'électrolyse des sels alcalins, la force électromotrice reste constante, indépendamment de la nature des sels. Toutes les observations faites jusqu'à ce jour semblent établir que l'eau en elle-même, comme aussi en présence d'électrolytes, ne participe que dans une très faible mesure à la conduite de l'électricité et à la décomposition.

[Le dossier relatif à cette question ne paraît pas encore définitivement constitué. D'après W. Borchers une décomposition primaire de l'eau pourrait fort bien se produire lorsque les solutions salines sont peu concentrées et que la densité du courant est élevée.]

Prix de revient de l'électrolyse.

A l'occasion d'un mémoire qu'ils ont publié sur la production électrolytique de la soude et du chlore (*Journ. Soc. chim. ind.*, 1892, — 963; *Monit. scient. Quesnev.*, 1893, — 400), **Cross** et **Bevan** ont établi les calculs suivants que je fais suivre de mes observations entre parenthèses ( ).

Il s'agit, en premier lieu, du calcul de la force :

Lorsqu'on emploie de fortes machines, d'une construction perfectionnée, soit deux machines de 1.200 chevaux chacune = 2.400 chevaux-vapeur, il faut compter une dépense de 2 1/2 livres de charbon par cheval-heure.

(Soit 1 kil. 130, ce qui, en tout cas, doit être suffisant.)

Il faudra alors compter par vingt-quatre heures :

Charbon: 2 400 $\times$ 2,5 $\times$ 24 liv. = 64 t. à 10 sch. 32 liv. » sch.
Main-d'œuvre : 2 équipes de 8 hommes à 5 sch. 4 »
Amortissement : 10 p. 100 pour trois cents jours.

Sur machines . . . 10.000 liv. sterl.
Sur chaudières. . . 7.000

17.000 liv. sterl. 5 14
Matériel de graissage et de nettoyage, etc . . . . 1 »

42 liv. 14 sch.

Ce total, divisé par 24 $\times$ 2.400 donne un prix de revient de 0,18 pence (= 1,8 centimes) par cheval-heure ; toutefois, Cross et Bevan le fixent à 0,25 pence (2,5 centimes) pour plus de sécurité.

(Cette évaluation est également suffisante pour l'Allemagne ; au prix moyen des charbons dans les centres industriels riches en combustibles, elle revient à 51 pfennigs (0 fr. 6273) par cheval et par vingt-quatre heures.)

Ces résultats sont confirmés par une évaluation de *Hopkinson* d'après laquelle le kilowatt-heure peut être produit à raison de 0,33 pence, ce qui coïncide presqu'exactement avec le prix de 0,25 pence admis pour le cheval-heure.

Swinburne (Journ. Soc. chim. ind., 1894, 455), fixe même à 0,25 pence le prix de revient d'un kilowatt-heure, intérêt et amortissement compris.

Ces 2.400 chevaux, transformés en courant et rendus aux bornes polaires des électrolyseurs, peuvent être comptés pour 2.000 chevaux, ce qui correspond à une perte de 17 p. 100 dans la conversion en courant et dans les conducteurs, soit 2.000 $\times$ 746 = 1.492.000 watts.

(En France et en Allemagne, il ne faut compter que 2.000 $\times$ 736 = 1.472.000 watts.

Il importe beaucoup de connaître la force électromotrice avec laquelle on pourra travailler. D'après Cross et Bevan, les procédés de Greenwood et celui de Lesueur nécessitent une différence de potentiel de 4 1/2 volts.

(D'autres procédés permettent notoirement de travailler à une tension inférieure, le chiffre indiqué est donc parfaitement admissible.)

En divisant ces 1.402.000 watts par le nombre de volts, soit 4 1/2 V, nous obtenons une intensité de courant de 331.555 ampères = 7.957.320 ampères heures par jour. Un ampère heure produit théoriquement 0,00292 livres = 1 g., 324, (plus haut, nous avons admis 1,3236 gr.) de chlore par heure, la production totale sera donc de 7.957.320 $\times$ 0,00292 = 23,235 livres (= 10359,3 kilog.) de chlore en vingt-quatre heures. En admettant un rendement pratique de 80 p. 100 de la théorie (que l'on peut certainement considérer comme un minimum), on obtiendra 18.588 livres (= 8431 kilog.) de chlore avec une intensité de courant de 331.555 ampères, ce qui correspond à une production, par vingt-quatre heures, de 22,43 tonnes anglaises (= 22,79 tonnes métriques) de chlorure de chaux à 37 p. 100 de chlore.

Une ampère heure produit théoriquement 0,0033 livres N a O H (= 1,497 gr.; nous avons admis plus haut 1,4956 gr.). Un calcul identique au précédent nous donne pour la production de 24 heures 9,378 tonnes de soude caustique ou 12,426 tonnes de soude calcinée (carbonate).

Cross et Bevan calculent de la manière suivante le prix de revient de ces produits :

18 tonnes sel à 12 sch.	10 liv.	16 sch.
12 — chaux à 12 sch.	7	4
Force, 2,400 $\times$ 24 = 57,600 chevaux heure à		
1/4 pence	60	»
Main d'œuvre.	10	»
Barils et emballages.	18	»
Amortissement 10 0/0 pour 300 jours.		
Appareil électrolyseur. . . . . . . 12,000 liv.		
Dynamos 8,000		
Cuves, pompes, bâtiments 10,000		
30,000 liv.	10	»
Surveillance	1	»
Frais généraux	4	»
	121 liv.	» sch.

Les auteurs comptent 30 liv. sterl. pour renouvellement des diaphragmes et des anodes, dans le procédé Le Sueur, 2 liv. sterl. pour la production de l'acide carbonique nécessaire dans ce même procédé, de sorte que le total des frais pour la soude calcinée s'élève à 153 liv. sterl.

Il faut, pour la soude caustique, ajouter les frais d'évaporation des lessives, que les auteurs évaluent à une liv. sterl. par tonne (donc au total, un peu plus de 9 liv. sterl.). Du reste, dans un grand nombre de procédés, la soude caustique renfermera une forte proportion de chlorure de sodium, ce qui diminue sa valeur (cet inconvénient peut être évité).

(Il nous paraît utile de faire quelques observations sur cette estimation de prix de revient. Elle peut s'appliquer d'une manière générale à tous les procédés électrolytiques de fabrication de la soude et du chlore dans lesquels la force électrolytique n'est sensiblement ni supérieure ni inférieure à 4,5 volts, elle présente par conséquent un intérêt général. Il faut reconnaître que la plupart des chiffres ne sont pas exagérés. Les meilleures machines à triple expansion consomment certainement sensiblement moins de 1^k13 de charbon par cheval heure; 0^k800 devraient suffire. Il y a aussi lieu de prendre en considération que Cross et Bevan ont porté de 0,18 à 0,25 pence et par conséquent augmenté de 40 p. 100 le prix de revient du cheval heure, tel qu'ils l'avaient calculé. Lorsqu'on dispose d'une force hydraulique, on arrive naturellement à des résultats sensiblement inférieurs. En Suisse, par exemple, en employant une force hydraulique, on peut évaluer à 1 centime le prix du cheval heure obtenu sous forme de courant (735 walts), ainsi, en y comprenant la conversion en énergie électrique. (Cette estimation m'a été donnée par une des premières autorités de Suisse, dans la pratique de l'électrochimie. Cela met le prix de revient du cheval heure à 72 francs par an, pour 300 jours de travail effectif.) Aux chutes du Niagara, on compte 18 dollars (= 93 fr. 06) par an pour une force d'un cheval électrique, c'est-à-dire un peu moins de 1,2 centimes par heure. La force électromotrice de 4 1/2 volts est aussi plus forte qu'il n'est nécessaire; théoriquement, 2 volts suffisent pour l'électrolyse proprement dite (voir page 29); une tension de 2 1/2 volts employée à vaincre les résistances et la polarisation est certainement bien supérieure à celle qui est exigée lorsqu'on emploie de bons diaphragmes. Une tension de 2 volts doit être suffisante. D'ailleurs, Cross et Bevan considèrent une tension de 4 1/2 volts comme un maximum.

Lorsque la matière des anodes est de bonne composition ou, plus exactement, inattaquable par le chlore, leur durée est bien supérieure à six ou huit semaines; toutefois il est extrêmement douteux que les diaphragmes de Greenwood aient une durée éternelle, comme le pense leur inventeur.

Il est certain que le fréquent renouvellement des diaphragmes, dans le procédé Le Sueur et dans d'autres procédés analogues, constitue un point très faible de ces procédés et l'attribution de 30 liv. sterl. réservées à cet effet paraît insuffisante pour y remédier. En effet l'économie de l'électrolyse des chlorures dépend presqu'entièrement de la bonne quantité des anodes et du diaphragme. Il faut aussi considérer que dans le procédé Le Sueur, la transformation de la soude en bicarbonate, et ensuite la conversion de ce sel en soude calcinée, est fort irrationnelle et que les frais qu'elle entraîne sont certainement supérieurs à 2 liv. sterl. pour douze tonnes. D'autre part, la transformation en soude caustique commerciale d'une lessive de soude caustique à 10 p. 100, renfermant une très forte proportion de chlorure de sodium et un peu de chlorate de soude, est beaucoup plus incommode et plus coûteuse qu'on ne se l'imagine généralement. Il faut aussi remarquer qu'il n'est rien compté pour le chauffage des bains. De toutes manières on peut affirmer que, dans son ensemble, le prix de revient calculé comme il a été dit plus haut est sensiblement trop élevé et qu'un bon procédé permet par conséquent de travailler plus économiquement.)

Cross et Bevan calculent de la manière suivante la valeur des produits obtenus :

22,43 tonnes chlorure de chaux a 7,10 l. s.	168 l.	4 sh.	6 pence
9,378 — soude caustique à 12 l. sterl.	112	10	9
	280 l.	15 sh.	3 pence

Ou bien encore :

22,43 tonnes chlorure de chaux à 7,10 l. s.	168 l.	4 sh.	6 pence
12,426 — soude calcinée à 5,15 l. sterl.	71	9	—
	230 l.	13 sh.	6 pence

Ce calcul est basé sur les cours de l'époque, qui ont subi aujourd'hui des modifications considérables, il ne présente pas un intérêt bien grand. Il démontre en outre combien sont irrationnels tous les procédés électrolytiques qui ont pour but la production de la soude carbonatée et non celle de la soude caustique.

Haeussermann (*Zeitschr. f. Elektrochemie,* 1895, 21 ; *Monit. scient. Quesn.*, 1896, p. 540) a publié de nouveaux renseignements sur les frais d'exploitation d'une installation pour la production électrolytique du chlore et de la soude, en partant d'une production journalière de 5000 kilog. d'hydrate de soude et d'une quantité correspondante de chlorure de chaux, obtenues par l'électrolyse d'une solution aqueuse de chlorure de sodium, la force motrice étant développée au moyen de la vapeur et en comptant 350 journées de travail effectif par an. (Il serait plus exact de compter 300 jours, en raison des arrêts occasionnés par l'entretien et les réparations.)

1° *Consommation d'énergie.* — En admettant un rendement

électrique utile de 80 p. 100, un ampère produit, par vingt'quatre heures, 28,56 grammes NaOH et 25,2 grammes Cl; la production de 1 kilog. NaOH par vingt-quatre heures nécessite par conséquent 35 ampères; la force électro-motrice nécesssaire dans les bains est de 3 1/2 volt.

(N. B. Il faudrait plutôt 4 V.[1])

Il faut donc pour 1 kilog. 122,5 V- A et pour 5000 kilog., NaOH 612,5 kilowatts = 832 chevaux électriques. On obtient en même temps 4410 kilog. de chlore qui pratiquement produiront 12,500 kilog. de chlorure de chaux à 35 p. 100.

(N. B. — Ce chiffre est trop favorable, il serait plus exact de compter 11,000 kilog.) Les 832 chevaux électriques correspondent à 915 chevaux mécaniques, auxquels il faut encore ajouter 85 chevaux pour différents moteurs, ce qui donne un total de 1000 chevaux. Les machines modernes les plus perfectionnées, consomment 0 kil. 8 de charbon par cheval-heure, la consommation totale pour vingt-quatre heures, est donc 19,200 kilog. à 1 mk. 20 (= 1 fr. 476) = 230 mk. 40 (= 283 fr. 302).

(N. B. — Ce prix très élevé du combustible, permettra rarement de songer à la fabrication électrolytique de la soude.)

D'après des expériences tirées de la pratique, on peut, au prix moyen du charbon, compter sur une dépense égale à celle occasionnée par la consommation de charbon pour les chauffages divers, pour la conduite des machines, le graissage, les réparations, amortissement, etc., soit au total 460 mk. 80 (= 566 fr. 784).

2° *Sel.* — En comptant sur une perte de 10 p. 100, la consommation de sel sera de 8,000 kilog. à 1 mk. 50 (= 1 fr. 845) = 120 mk (= 147 fr. 60).

(Le prix admis pour le sel est aussi beaucoup trop élevé pour permettre la fabrication électrolytique de la soude dans des conditions économiques, la saûmure saturée est à meilleur compte et c'est généralement elle qui devra être prise en considération.)

3° *Évaporation des lessives et fusion.* — Au sortir des bains, les lessives contiennent 80 grammes NaOH par litre, sans compter le chlorure de sodium qu'elles renferment, il faut, par conséquent, traiter 63 M³ de lessive que l'on devra d'abord évaporer à la densité de 1,45, ce qui détermine assez complètement la séparation du chlorure de sodium peu soluble dans les lessives concentrées. A cet effet, on emploie les appareils à évaporer sous pression réduite (voir page 177), de préférence ceux récemment brevetés (Neumann et Esser brev. all. 75.521), munis d'une disposition permettant

---

1. J'ai fait précéder des majuscules N. B.. les données qui m'ont paru exagérées dans un sens ou dans l'autre.

l'évacuation automatique des sels déposés. Dans ces appareils un kilog. de charbon évapore 20 kilog. d'eau, comme il faut évaporer 50 M³ d'eau, la consommation de charbon sera de 2500 kilog. = 30 mk. (= 36 fr. 90). La concentration finale des lessives et la fusion de la soude caustique nécessitent encore 5000 kilog. de charbon = 60 mk. (= 73.80).

4° *Chaux vive.* — On consomme 60 kilog. de chaux pour 100 kilog. de chlorure, la consommation totale sera donc de 7500 kilog. au prix de 1 fr. 50 (= 1,845) les 100 kilog. = 112 mk. 50 (= 138 fr. 375).

5° *Emballage.* — Les cylindres pour 5000 kilog. soude caustique coûteront par tonne 12 mk. (= 14 fr. 76), soit au total 60 mk. (= 73 fr. 80). Les barils en bois pour loger 12500 kilog. chlorure de chaux coûteront 17 mk. par tonne (= 20 fr. 91), soit une dépense de 212 mk. 5 (= 261 fr. 375).

6° *Main-d'œuvre.* — Haeussermann, se basant sur des considérations développées dans son mémoire original, évalue les frais de main-d'œuvre à 182 mk. 50 (= 224,475).

7° *Réparations.* — Les dépenses de ce chef, ont été estimées arbitrairement à 175 mk. (= 224,475).

8° *Amortissement.* — L'auteur compte 12,000 mètres carrés de bâtiments à 360,000 mk. (= 442,800 fr.) ; 40,000 mk. (= 49,200 fr.), pour réservoirs d'eau, cheminée, clôtures, soit au total 400,000 mk. (= 492,000 fr.), ce qui, en comptant 5 p. 100 pour l'amortissement, revient à 57 mk. 15 (= 70 fr. 294). L'amortissement de l'installation de la force motrice (10 p. 100), a déjà été compté dans les frais d'exploitation. Le restant du matériel : bains, appareils d'évaporation, chambres à chlorure, ateliers, peut être estimé à 600,000 mk. (= 738,000 fr.) qui, amortis au taux de 10 p. 100, occasionnent une dépense journalière de 171 mk. 42 (= 210 fr. 846), soit au total 228 mk. 57 (= 281 fr. 14).

Récapitulation des frais pour la production de 5000 kilog. NaOH et de 12500 kilog. chlorure de chaux :

1. Énergie	460,80 marks	566,784 francs
2. Sel	120,00	147,600
3. Charbon	90,00	110,700
4. Chaux	112,50	138,375
5. Emballages	212,50	261,375
6. Main-d'œuvre	182,50	224,475
7. Réparations	175,00	215,250
8. Amortissement	228,56	281,140
	1581,88 marks	1945,70 francs

Il faut ajouter encore des frais généraux (appointements, frais de bureaux, approvisionnements, assurances, caisse de maladie, impositions, etc.) qui sont estimés à 25 p. 100 du prix de revient (ou davantage). [Si l'on tient compte de tous ces frais on arrive à un total de 1978 mk, en chiffres ronds 2000 mk ($=$ 2460 fr.)

Étant donné les cours du marché des produits chimiques en 1895, ce prix de revient laisserait encore un notable bénéfice.

Bien entendu on peut prévoir que ces prix de vente, principalement celui du chlorure de chaux, subiront d'importantes modifications dès que les « conventions » qui ne peuvent cependant durer éternellement, auront pris fin, mais il faut considérer que, en bien des points, les estimations d'Haeussermann sont beaucoup trop élevées, ainsi que nous l'avons fait remarquer pour certains cas particuliers, et certainement on ne pourra songer à créer de grandes installations que dans des conditions bien plus avantageuses que celles indiquées dans ce travail, pour la production de l'énergie et pour le prix de revient du sel.]

Borchers (*Zeit. f. Elektrochemie*, III, 114), calcule de la manière suivante le coût de l'électrolyse et la valeur des produits obtenus, tant au point de vue théorique que d'après les données de divers inventeurs. Les prix qui servent de base à ces calculs, exprimés en marks (1 fr. 25) par 100 kilog. sont les suivants :

Sel marin: 1,60; soude caustique pure (NaOH sous forme de soude caustique à 90 p. 100) 16,00; carbonate de soude (100 p. 100) 10,00; cristaux de soude 4 à 6;

Chlorure de potassium 14,00; potasse caustique pure (KOH sous forme de potasse caustique à 75-80 p. 100) 52; carbonate de potasse pur K_2CO_3 (sous forme de carbonate de potasse à 90 p. 100) 38.80.

Chlorure de chaux 13,50.

I. — *Traitement du chlorure de sodium.*

a. Théorie :

Consommation.		Avec une tension de 4 volts et par an.	
		Force hydraulique.	Force vapeur.
Un cheval électrique . . . Marks.		80.00	175,0 à 400,0
3.468 kilog. sel marin		55.50	55.5 55.5
3.200 — chaux		48.00	48.0 48.0
		183.50	278,5 à 503.5

Production.			Marks.
5.247 kilog. chlorure de chaux			708.34
2.376 — soude caustique (NaOH)			380.16
3.144 — carbonate de soude (Na_2CO_3)			314.40
8.493 — cristaux de soude			339.72

b. D'après Castner et Kellner, 88-90 p. 100 rendement; 4 volts.

Consommation.	Force hydraulique.	Force vapeur.	
Un cheval électrique . . . Marks.	80	175 à	400
3.051 kilog. sel marin.	48	48	48
2.800 — chaux	42	42	42
	170	265 à	490

Production.

4.617 kilog. chlorure de chaux.	623.30
2.090 — soude caustique (NaOH)	334.40

c. D'après Hargreaves et Bird (80 p. 100 rendement; 3,4 volts). Ce procédé produit du carbonate de soude.

Consommation.	Force hydraulique.	Force vapeur.	
Un cheval électrique	80	175.0 à	400
3.264 kilog. sel marin.	52.20	52.2	52.2
3.000 — chaux	45.00	45	45
	177.2	272.2 à	497.2

Production.

4.937 kilog. chlorure de chaux.	666.50
2.959 — carbonate de soude.	295.00

II — *Traitement du chlorure de potassium.*

a. Théorie (4 volts).

Consommation.	Force hydraulique.	Force vapeur.	
Un cheval électrique . . . Marks.	80	175 à	400
4.422 kilog. chlorure de potassium.	619	619	619
3.200 — chaux	48	48	48
	747	842 à	1067

Production.

5.247 kilog. chlorure de chaux.	708.30
3.326 — potasse caustique (HOH).	1729.52
4.104 — carbonate de potasse (K^2CO^3). . .	1592.35

b. En pratique, 80 p. 100 de rendement.

Consommation.	Force hydraulique.	Force vapeur.	
Un cheval électrique.	80	175 à	400
3.537 kilog. chlorure de potassium .	495.20	495.2	495.2
2 500 — chaux	38.00	38	38
	513.2	708.2 à	933.2

Production.

4.197 kilog. chlorure de chaux.	566.60
2.660 — potasse caustique (KOH).	1383.20
3.283 — potasse (K^2CO^3)	1273.80

(Comme on le voit Borchers ne tient pas compte, dans ces données, des frais de main-d'œuvre, d'entretien et des frais généraux, ainsi que de la dépense en combustibles pour l'évaporation des lessives. Le prix de revient du sel marin sera souvent inférieur à 1 mark 60, car il peut être employé sous forme de saumure.

Jusqu'à présent, la potasse caustique est presque exclusivement vendue sous forme de lessive. Dans ce cas, les frais d'évaporation sont bien moindres que pour la potasse caustique solide, mais la valeur du produit est moindre.

Les chiffres donnés par Borchers ne peuvent être admis que sous la plus grande réserve, car les dépenses pour main-d'œuvre, entretien, réparations, consommation de combustibles qui n'entrent pas dans son calcul peuvent certainement dépasser le gain qu'il fait ressortir. C'est ainsi, par exemple, que personne ne pourra admettre que l'on puisse encore produire un travail rémunérateur au prix de 400 marks pour un cheval électrique, tandis que les calculs précédents, établis même pour la fabrication de la soude caustique ou du carbonate, laissent un superbe bénéfice 464 à 467 marks.)

CHAPITRE II
Procédés spéciaux pour la production électrolytique de la soude et du chlore.

I. — *Procédés ayant pour objet la production du chlore et de l'alcali sans séparation préalable du métal alcalin.*

William Cooke est désigné comme le premier inventeur qui ait essayé d'appliquer l'électrolyse à la fabrication de la soude ; son brevet anglais (n° 13620) date du 3 mai 1851. Toutefois il a échappé à l'époque que ce brevet avait été pris sous forme de « communication », on peut en conclure que l'inventeur, non désigné, était en tout cas une autre personne que Cooke, probablement un étranger.

Cooke décrit de la manière suivante un « perfectionnement dans la fabrication de la soude et de son carbonate. »

Un grand réservoir mesurant $11 \times 6 \times 3$ pieds est divisé en trois compartiments par des cloisons poreuses.

Le compartiment intermédiaire renferme des plaques de cuivre, les deux compartiments extrêmes de gros morceaux de fer (des gueuses de fer écossais) qui sont tous superficiellement reliés ensemble par leur surface bien décapée. Chaque plaque de cuivre est mise en communication avec la masse de fer voisine par l'intermédiaire d'une lame de cuivre. Le compartiment intermédiaire est rempli d'eau pure, les deux compartiments extrêmes qui contiennent le fer reçoivent une solution saturée de sel marin. Le récipient est pourvu d'un couvercle fermant hermétiquement et qui porte un tuyau de dégagement pour l'hydrogène. Lorsqu'on maintient la température au-dessus de 21°, la décomposition du sel est complète au bout de 7 jours. Le compartiment intermédiaire contient une solution de soude caustique titrant 40 livres par pied cube et renfermant « un peu de sel », elle est évaporée à siccité, la masse desséchée, encore chaude, est brassée pendant une ou deux heures, dans ces conditions elle absorbe avec beaucoup d'avidité l'acide carbonique de l'air, elle se gonfle fortement et se trouve finalement transformée en carbonate pur.

On comprendra, d'après les descriptions qui précèdent, qu'en tout cas l'inventeur n'a fait qu'un essai de laboratoire sur une très petite échelle, peut-être même n'a-t-il fait aucun essai. Cette présomption est encore confirmée par l'affirmation que la batterie grossière décrite plus haut permet de produire une tonne = 2240 livres de carbonate de soude en sept jours avec une consommation de 2489 livres de sel marin et de 1161 livres de fer (qui se transforme en chlorure ferrique dans les compartiments intérieurs). Ces chiffres correspondant presque exactement aux équivalents chimiques, on peut en conclure qu'ils ont simplement été calculés sur le papier.

Peu après **Charles Watt** (brev. ang. n° 13755, 25 sept. 1851) décrit l'électrolyse du sel marin en même temps que d'autres opérations. Son procédé est déjà plus perfectionné que celui de Cooke, en ce sens qu'il dispose la source d'électricité, non plus au sein même de la cellule de décompositon, mais extérieurement, l'électricité étant fournie par une pile Daniell de 6 éléments.

Le récipient décomposeur est divisé par des cloisons poreuses en deux ou plusieurs compartiments qui reçoivent tous une solution très concentrée de sel marin et dans lesquels sont placées les électrodes ; des couvercles mobiles servent à recevoir et à faire évacuer les gaz produits. L'un de ces gaz est du chlore ; l'hydrogène doit être utilisé comme combustible.

L'opération se fait à une température qui ne doit pas être inférieure à 49° ; on obtient ainsi de l'alcali caustique ; si l'on veut obtenir du carbonate on dirige dans la solution un courant d'acide carbonique. Lorsqu'on veut produire des hypochlorites ou des chlorates, on emploie des récipients chauffés intérieurement par la vapeur circulant dans une double enveloppe et qui renferment deux électrodes superposées : l'électrode inférieure provoque le dégagement du chlore, l'électrode supérieure la formation de la soude caustique. On introduit dans le récipient une solution chaude de chlorure alcalin additionnée d'une certaine proportion d'alcali libre ou d'alcali terreux, et l'on établit la communication avec la batterie. Lorsqu'on veut produire de l'hypochlorite, on maintient la température entre 37° et 49°. La solution peut servir de bain pour le blanchiment ; si l'on veut obtenir du chlorate, l'opération doit se faire à une température plus élevée. L'hydrogène qui prend naissance est recueilli séparément.

Le 5 avril 1853, **Stanley** a fait breveter (n° 811), un procédé tout à fait semblable à celui de Cooke, dans lequel le chlore passe également à l'état de perchlorure de fer.

Dickson (brev. angl., n°ˢ 2044 et 2265, 1862), dans un brevet extrêmement confus, propose de décomposer à chaud, dans des cellules en fonte munies d'anodes, du sel marin, de la cendre de varechs (kelp), du nitrate de soude brut, du carbonate mélangé de sel ammoniac provenant de la fabrication de la soude à l'ammoniaque, de la soude brute Leblanc, etc.

Dans son deuxième brevet, il mentionne en addition que la décomposition est favorisée par la présence des acides azotique, azoteux, sulfurique, sulfureux, par les chlorures ou les oxydes de fer et de cuivre, ou par l'insufflation d'un courant d'oxygène obtenu électrolytiquement à travers certains chlorures portés à la température du rouge, ou bien encore par la décomposition galvanique du chlorure de sodium fondu. Cette collection d'insanités ne comporte aucune critique.

Fitz Gérald et **Molloy** (brev. angl., n° 1376, 1872) ont breveté à nouveau l'électrolyse des chlorures de sodium et de potassium, des nitrates et des sulfates alcalins, du chlorure de calcium ou de l'acide chlorhydrique, en vue de la préparation du chlore libre, des hypochlorites et des chlorates, etc. Leur brevet décrit un grand nombre de prescriptions pour la composition des bains, les diaphragmes et les anodes.

Il faut naturellement considérer comme complètement erroné le renseignement qu'on a pu trouver dans le *Bulletin* de la Société chimique de Berlin (6-1141), d'après lequel ce procédé aurait été appliqué sur une grande échelle, aux bords de la mer, à Saint-Lawrence, près Margate, par exemple, pour le traitement de l'eau de mer.

Faure (brev. angl., n° 1742, 1872) reprend le principe de Cooke, mais en faisant usage de batteries thermoélectriques. Il emploie des anodes en fonte, avec ajutages en charbon et un diaphragme poreux en toile de lin. Le compartiment négatif peut recevoir de l'oxyde de fer. On obtient comme produit des solutions de soude caustique et de perchlorure de fer que l'on fait écouler par des conduites séparées. L'emploi des machines dynamos pour la dissociation des chlorures alcalins et pour tous les genres d'électrolyse possibles a été breveté par **Lontin** (brev. angl., n° 473, 1875). (Toutefois, comme le titre du brevet ne mentionne que l'acide acétique et l'acide formique, il aurait été de prime abord considéré comme nul pour tous les autres cas.)

Wastschuk et **Glukoff** ont fait, en 1879, des recherches sur l'électrolyse du sel marin (brev. all., n° 10039, brev. angl, n° 4985, 1880). L'appareil employé consiste en une cuve elliptique fermée, munie d'une cloison transversale poreuse ; on dispose à droite l'anode en platine ou en charbon, à gauche la cathode en fer, les deux compartiments sont remplis d'une dissolution de sel marin. Le courant pénétrant du côté droit, met en liberté du chlore qui réagit partiellement sur l'eau pour former de l'acide chlorhydrique et de l'oxygène. Les gaz sont débarrassés de l'acide chlorhydrique par lavage à l'eau, le chlore et l'oxygène se dégagent et servent à alimenter une batterie à gaz. Le sodium prend naissance à gauche et, en présence de l'eau, produit immédiatement de la soude caustique et de l'hydrogène qui se rend également dans la batterie à gaz. La solution de sel marin s'écoule d'un réservoir situé à un étage supérieur et est distribuée régulièrement aux deux compartiments, la pression qui résulte de sa chute a pour effet de déterminer l'entraînement plus rapide du gaz et de diminuer la polarisation. On règle l'alimentation en sel marin et le soutirage de la lessive de soude de telle sorte qu'une solution de nitrate d'argent ne produise qu'un léger trouble dans la lessive de soude (il est certainement impossible d'obtenir dans la pratique une décomposition aussi complète !) La solution d'hydrate de soude est convertie soit en soude caustique solide, soit en soude ordinaire, par carbonatation. Le courant produit dans la batterie à gaz doit servir à l'électrolyse du chlorure de sodium dans un deuxième récipient.

L. Wollheim (brev. all. n° 16126, 1881), se propose de traiter différentes solutions dans un appareil électrolyseur divisé en deux compartiments par un diaphragme ; soit, par exemple, dans le compartiment de la cathode de la soude ou de la potasse caustiques ; du chlorure de sodium, de la carnallite et d'autres sels semblables, dans le compartiment de l'anode. La solution de soude caustique, qui s'enrichit continuellement, est soutirée à la partie inférieure du premier compartiment, la solution de perchlorure de fer s'écoule continuellement par le fond de l'autre compartiment.

Spence et **Watt** (brev. angl. n° 1030, 1882), disposent des électrodes en charbon dans les deux compartiments de l'appareil électrolyseur séparés par un diaphragme de gypse. Ils proposent d'employer l'hydrogène dégagé à la cathode pour actionner une machine à gaz qui devra communiquer le mouvement à la dynamo et pensent pouvoir opérer ainsi dans des conditions économiques. Toutefois ils n'ont toutefois pas admis qu'ils pourraient ainsi économiser la totalité de la force nécessaire pour actionner la dynamo, car dans ce cas ils auraient réalisé le mouvement perpétuel!

Geisenberger (brev. angl. n° 3104, 1883) électrolyse une solution de chlorure de zinc.

Richardson et Grey ont fort naïvement breveté en 1884 (brev. angl. n° 4417) tout simplement l'électrolyse du chlorure de sodium, comme si cette pensée n'était venue à l'idée de personne antérieurement à eux, en outre ils ne décrivent pas le moindre appareil applicable industriellement pour réaliser le but qu'ils se proposent.

Hoepfner (brev. all., n° 30222, brev. angl., n° 6736, 1884), se préoccupe surtout de diminuer les inconvénients dûs à la polarisation, dans ce but il emploie des substances dépolarisantes à la cathode ou bien il maintient continuellement la liqueur en mouvement. L'anode est formée d'une substance non attaquable par le chlore, telle que le charbon ou le bioxyde de manganèse, et la solution de chlorure afflue continuellement dans l'appareil et s'en écoule de même, déterminant ainsi l'entraînement du chlore produit, la lessive est plus ou moins saturée de chlore, suivant que la vitesse de l'écoulement est plus ou moins grande.

Afin d'empêcher la séparation de l'hydrogène à la cathode, qui peut consister en n'importe quelle matière bonne conductrice, on l'enduit d'une composition qui s'oppose à la polarisation, notamment de composés susceptibles d'être réduits par l'hydrogène. (Ce procédé avait spécialement pour but l'obtention de solutions salines chlorées, en vue de l'extraction de l'or).

Un brevet ultérieur de **Hoepfner** (n° 80735) a pour objet l'emploi d'une solution de chlorure cuivrique à la cathode, pour empêcher la polarisation. Ce composé se trouve réduit par le courant à l'état de chlorure cuivreux que le chlorure de sodium ou l'acide chlorhydrique maintiennent en solution, sous l'action de l'air et en solution acide, le chlorure cuivreux se trouve réoxydé à l'état de chlorure cuivrique et peut alors faire retour à l'électrolyse. Cet artifice permet de produire une plus grande proportion de chlore avec la même énergie électrique (*Monit. scient. Quesnev.*, 1894, brev. 161).

Philipps (1885), dispose un vase poreux en terre réfractaire à dix centimètres du fond d'une cuve en bois. Cette dernière est fermée par un couvercle percé de trois ouvertures : l'une d'elles reçoit un tube en verre qui plonge jusqu'au fond du récipient et est en communication avec une conduite d'air comprimé, la seconde, un tuyau de dégagement pour les gaz, la troisième donne passage à une anode en charbon. La cathode devrait être formée en cuivre platiné. La cuve en bois et le récipient en poterie sont à moitié remplis d'une dissolution de sel dans laquelle on dirige le courant produit par une machine Gramme. Le chlore qui se dégage dans la cellule en terre réfractaire, est rapidement éliminé sous l'action de l'air comprimé. Phillips avoue que ce procédé ne permet pas de convertir en soude la totalité du sel marin.

Trickett et Noad (brev. angl. n° 7754, 1888), ont breveté à nouveau la décomposition électrolytique du chlorure de sodium. Le chlore entre en combinaison avec le métal de l'anode formée en oxyde de ce métal, l'oxyde est régénéré par grillage du chlorure. La solution limpide de soude caustique doit être additionnée de carbonate de chaux qui laisse dégager de l'acide carbonique et précipite en même temps les traces d'oxydes métalliques et d'autres matières étrangères. C'est en cela que consiste toute la nouveauté de ce brevet !

Greenwood (brev. angl., n° 14239, 1888), emploie une grande cuve dans laquelle il dispose circulairement un grand nombre d'électrodes en charbon, en communication avec le pôle négatif d'une machine dynamo. Le centre est occupé par une cellule poreuse qui reçoit également des anodes en charbon. Le récipient extérieur est alimenté par une solution concentrée de chlorure de sodium, le récipient intérieur avec de l'eau : le premier fournit une lessive de soude caustique, le second une solution aqueuse de chlore.

Le même inventeur décrit dans ses nouveaux brevets (n° 18990, 1890, et 2134, 1891), l'appareil suivant :

L'électrolyseur est une cuve en fer ou en charbon, revêtue extérieurement d'une couche de cuivre déposé électrolytiquement. Elle constitue la cathode, l'anode est un cylindre métallique entouré de charbon. A une distance convenable entre l'anode et la cathode, on place un diaphragme constitué par un grand nombre d'augets en porcelaine ou en verre, en forme de V, qui s'emboîtent les uns dans les autres, les intervalles étant garnis avec de l'amiante ou de la poudre de talc. Ce diaphragme doit opposer au passage du courant une résistance plus faible que ceux généralement en usage et empêche le chlore formé dans le compartiment de l'anode de pénétrer dans la lessive de soude caustique contenue dans le compartiment de la cathode. On dispose à la suite l'un de l'autre, un certain nombre de bains semblables. La solution de sel s'écoule d'un réservoir supérieur, parcourt la série des électrolyseurs et s'écoule ensuite dans des récipients spéciaux au sortir desquels elle fait retour dans les bains, et ainsi de suite jusqu'à décomposition complète.

Les cuves sont recouvertes d'un couvercle de porcelaine traversé par un tuyau pour le dégagement du chlore. Dans une autre disposition l'électrolyseur a une forme allongée et est divisé en compartiments d'anodes et comparti- ments de cathodes par des plaques parallèles qui forment les pôles et par des diaphragmes, dans ce cas les cathodes ne sont pas recouvertes de charbon. — La lessive obtenue par l'électrolyse renferme, à côté de la soude caustique, encore une forte proportion de sel indécomposé que l'on élimine par concentration et pé- chage.

Le procédé de Greenwood a été breveté en Allemagne par la *Caustic soda and chlorine Syndicale Limited* (n° 62912; *Monit. Quesnev*. 1892, bre- vets, page 19). Nous en signalerons encore les particularités suivantes. Les figures 1 et 2 représentent une

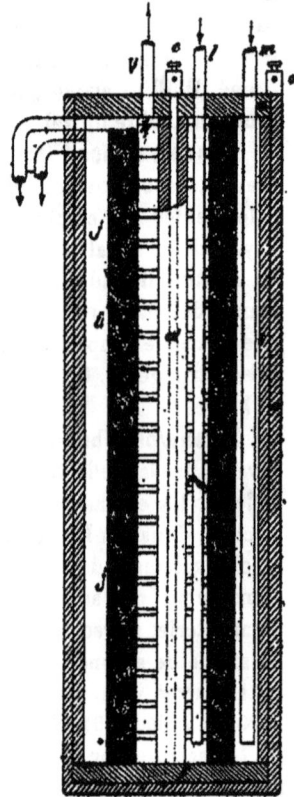

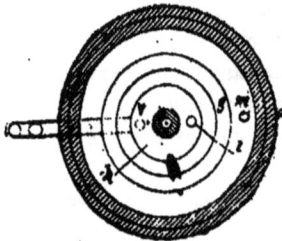

Fig 2.   Fig. 1.

coupe en long et une en travers de l'électrolyseur, on en super- pose plusieurs en étage, l'un au-dessus de l'autre, (on trouvera une figure en perspective des appareils dans *Industries,* 12210 et dans *Zeit. f. angew. Chem.*, 1892-217), *a* est la paroi extérieure ducom- partiment de la cathode, *b* sa garniture en charbon (inutile, lorsque la cuve est en fer), *c* la borne du pôle négatif, *d* le cylindre de l'anode en « charbon métallisé », qui porte la borne du pôle positif *e*. On prépare le « charbon métallisé » en déposant électrolytiquement une pellicule de cuivre sur les surfaces de contact des deux plaques de charbon que l'on doit ensuite réunir, puis on les étame et on les dispose dans un moule de manière à placer les surfaces qui devront adhérer l'une en regard de l'autre, mais en laissant subsister entre elles un intervalle dans lequel on coule de l'alliage typographique. On rend le charbon imperméable en le frottant avec du peroxyde de plomb et en polissant ensuite. La plaque d'ardoise isole l'anode *d* de la cathode *a*. On dispose entre *d* et *a* le diaphragme *g* constitué par les augets en porcelaine *j* en forme de V, *k* sont les luts en amiante ou en stéatite.

On détermine ainsi un compartiment d'anode (à chlore) *h* et un compartiment de cathode, *i*, dans lesquels on introduit la solution de chlorure de sodium à la partie inférieure par les tubes *l* et *m*; *u* est un couvercle en porcelaine, *v* le tuyau de dégagement pour le chlore.

La disposition indiquée plus haut comprenant des récipients à section carrée, partagés par les diaphragmes décrits en dix compartiments d'anodes et autant de compartiments de cathodes, paraît avoir été adoptée industriellement (*Zeit. angew. Chem.* 1-92-117); les cathodes sont formées par des plaques de fonte. Les anodes et les cathodes sont disposées parallèlement dans chaque bain et l'on étage l'un derrière l'autre cinq groupes de semblables électrolyseurs. La force électro-motrice employée est de 4,4 V., la densité du courant étant de 100 à 110 ampères par mètre carré. La dissolution de sel s'écoule du récipient supérieur jusque dans le récipient inférieur, d'où elle est repompée par une pompe en ébonite, et la circulation continue ainsi jusqu'à ce que l'on ait obtenu le maximum de l'effet utile de l'électrolyse; ce résultat est obtenu, d'après Greenwood, lorsque la lessive renferme 10.76 p. 100 de chlorure de sodium pour 2.21 p. 100 $NaOH$.

M. Preece, qui a été désigné comme expert, a calculé que dans ce cas les frais de la décomposition d'une tonne de sel s'élèvent à mk 68 (= 83 fr. 64), en admettant 1/4 pence (= 2,5 centimes) pour prise du kilowatt-heure et en supposant l'emploi de machines à triple expansion et le charbon à bon marché (voir page 30).

Nahnsen (brev. all. n° 53395, brev. angl. n° 11099, 1890), afin d'éviter que le chlore n'entre en réaction avec l'eau de la dissolution, opère l'électrolyse à une température variant de 0° à 7°. Les électrodes doivent être insolubles. On emploie le charbon pour l'anode. La force électro-motrice serait supérieure de 20 à 30 p. 100 à celle indiquée par la théorie; la densité du courant à l'anode ne doit pas être inférieure à 0,25 ampères par décimètre carré.

Richardson et Holland (brev. angl. n° 2298, 1890), dans le but de supprimer l'agitation de la liqueur et la polarisation produites à la cathode par le dégagement d'hydrogène, recouvrent la cathode d'oxyde de cuivre que l'hydrogène naissant réduira à l'état de cuivre métallique, qui peut facilement être réoxydé.

En vue de la production des alcalis caustiques, les électrodes sont disposées horizontalement dans le bain, la cathode à la partie inférieure, l'anode à la partie supérieure.

En raison de sa densité, la solution de soude reste au fond de l'électrolyseur, le chlore se dégage à la partie supérieure. Lorsqu'on veut produire de l'hypochlorite, on place les électrodes dans le sens inverse; dans ce cas, le chlore qui se dégage entre en contact avec la lessive de soude et se combine avec elle. Dans une petite installation on pourra aussi employer des électrodes verticales, avec diaphragmes poreux, et remplacer, pour l'anode, le charbon par le zinc; l'appareil ainsi constitué fonctionne alors comme une batterie galvanique et peut être utilisé comme telle.

Plus tard (brev. nº 19704, 1891), **Richardson** a breveté, en vue de la dépolarisation l'emploi comme cathode d'une large bande qui se déplace continuellement et qui, en pénétrant dans l'électrolyte, y introduit l'oxyde de cuivre et l'entraîne à la sortie, après réduction en cuivre métallique. Au lieu de rendre la cathode dépolarisante par elle-même, on peut aussi faire passer devant elle la substance dépolarisante.

Un autre brevet de **Richardson et Holland** (brev. angl. nº 2297, 1800) a pour objet de substituer aux diaphragmes poreux, qui sont coûteux, fragiles, et opposent une grande résistance au passage du courant, des cloisons de séparation non poreuses qui interceptent les produits de l'électrolyse et les ramènent à la surface, la soude caustique étant entraînée par l'hydrogène. Dans l'une des dispositions décrites, chaque électrode est recouverte d'une sorte d'entonnoir. On soutire continuellement le chlore par les pointes de l'un d'eux, l'hydrogène et la soude caustique par celle de l'autre.

Un brevet suivant (nº 5525, 1893) pris par Holland ne renferme aucune nouveauté importante.

Les procédés de Holland et Richardson ont été appliqués industriellement dans la fabrique de papier de Snodland (comté de Kent); à l'occasion de la formation d'une société par actions, quelques spécialistes ont publié dans les prospectus de cette société des rapports qui sont, sur certains points, plus qu'étranges. Un certain Monsieur Leith fait valoir en faveur du procédé la considération que la plupart des fabriques doivent avoir à leur disposition un excès de vapeur qui leur permettra d'actionner une dynamo pour ainsi dire sans frais. Il résulte du rapport d'un électricien (qui paraît mériter d'être pris plus au sérieux) qu'au début, avec des cathodes en fer, on fut obligé de travailler avec la tension élevée de 6 V., ce qui aurait suffi pour faire rejeter ce procédé par toute personne compétente; neuf mois plus tard, l'emploi de cathodes spéciales et brevetées en oxyde de cuivre, a permis d'abaisser la tension à 3,8 V., résultat que l'on peut approximativement obtenir aussi avec des cathodes en fer, dans tout procédé intelligemment combiné. Les experts recommandent tout particulièrement l'emploi d'anodes en charbon de cornue qu'ils représentent comme présentant un avantage tout spécial, comme si ce procédé était leur propriété!

L'estimation du prix de revient fait entrevoir des bénéfices ridiculement élevés. En 1894, on construisait à Saint-Helens (Angleterre) une usine qui devait décomposer 50 à 60 tonnes de sel par semaine.

Cette installation est décrite en détails dans *Engineering*, 1896, page 1582. Un extrait de cette description se trouve dans *Zeit. f. Electrochemie* III-93 et l'auteur y fait remarquer avec raison qu'elle renferme des contradictions inexplicables et même de véritables impossibilités.

Cutten (brev. all. n° 69461)[1] se propose d'empêcher la recombinaison du chlore avec la soude simplement en aspirant à l'aide d'une pompe le chlore dégagé à la partie supérieure; la lessive de soude, entraînée par son propre poids, doit tomber au fond de l'appareil (?)

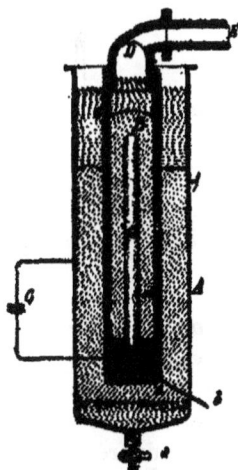

Fig. 3.

La solution de chlorure est introduite continuellement sous l'anode et s'écoule par la partie supérieure de l'appareil. L'appareil employé est représenté figure 3. La cathode est constituée par le récipient en fer A, elle reçoit le courant par G. L'anode C repose sur un bloc de charbon de cornue garni d'une substance isolante et occupant le fond du diaphragme en terre réfractaire B.

Ce diaphragme n'est poreux que dans sa partie moyenne d, il est verni, et par conséquent imperméable dans ses parties inférieures et supérieures (en c et e). On laisse subsister entre B et le fond de A un espace vide pour recevoir la lessive de soude caustique qui ne se trouve pas en contact avec le diaphragme. La paroi intérieure de A est recouverte, dans sa partie supérieure, d'un vernis ou d'une autre substance isolante f afin de limiter au-dessous de f la formation de la soude caustique à la surface de la cathode et de maintenir à la partie supérieure la dissolu-

1. *Monit scient., Quesnev.* 1892, brev. 335.

tion de sel aussi exempte de soude caustique que possible. Le robinet *a* sert au soutirage de la lessive de soude caustique formée en C, le couvercle D, muni du tuyau E, établit la communication avec la pompe à chlore.

La figure 4 montre la disposition de l'appareil : l'anode C est enfoncée dans sa partie inférieure dans un bloc de charbon F, entouré d'une substance isolante *b* qui repose sur une plaque de

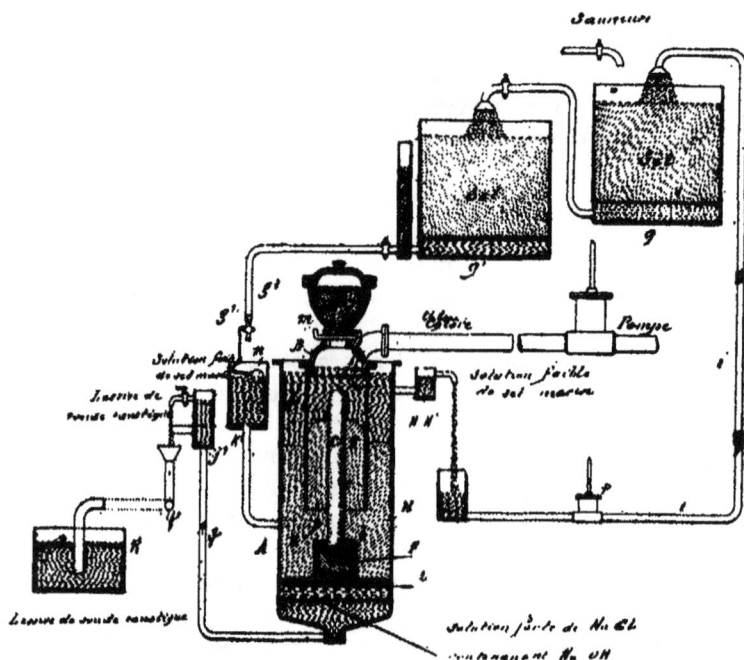

Fig. 4.

verre L supportée d'une façon quelconque dans le fond du récipient A. La plaque L est plane. Un des pôles de la batterie est relié avec le bloc F, l'autre avec le récipient A. Au lieu de soutirer au moyen du robinet *a* la lessive de soude caustique concentrée qui est tombée, par suite de son poids spécifique, dans le fond du récipient A sous la plaque L on peut aussi la diriger par un tube *j* dans un réservoir *j'*, duquel elle s'écoule goutte à goutte par un robinet *j''* dans un entonnoir qui, lui-même, communique par la conduite R' avec le récipient R. Le chlore, aspiré par la pompe *d*, est évacué par la conduite E.

Le Sueur (brev. angl. n° 5983, 1891) décrit l'appareil suivant : un grand récipient est à moitié rempli avec la dissolution à électrolyser. On dispose dans ce récipient une, deux ou plusieurs cloches cylindriques, dont le fond est relevé vers la partie supérieure, dans une position légèrement inclinée, de telle sorte que l'un des bords soit un peu plus élevé que l'autre. Les cloches contiennent, dans leur partie supérieure, une grande électrode positive en charbon des cornues, qui peut facilement être plongée dans la cloche ou en être retirée, l'orifice de la cloche est recouvert d'un diaphragme en papier parcheminé, immédiatement au-dessous du diaphragme se trouvent les électrodes négatives, en toile métallique. La soude caustique prend naissance dans le grand récipient, l'hydrogène se dégage avec facilité à la partie inférieure des cloches par suite de leur inclinaison et le chlore est recueilli à la partie supérieure. Le brevet donne des descriptions détaillées et des dessins relatifs aux obturateurs et aux communications électriques au moyen desquelles on peut faire fonctionner chacune des cloches isolément, pour la disposition des diaphragmes, l'évacuation des gaz, etc.

Dans un brevet anglais suivant (n⁰ 15050, 1891), Le Sueur propose de maintenir la composition chimique de la liqueur de l'anode absolument constante, afin de diminuer l'inconvénient résultant de la diffusion ou d'un suintement de la liqueur du compartiment de l'anode dans celui de la cathode ; il obtient ce résultat en ajoutant à la liqueur de l'acide chlorhydrique pour neutraliser la solution de soude caustique qui a pénétré par diffusion dans le compartiment de l'anode.

Cross et Bevan (*Jour. soc. chem. ind.* 1892-963 ; *Monit. scient.* *Quesnew.* 1893-400) décrivent de la manière suivante le procédé de Le Sueur : l'appareil consiste en une cuve en fer ayant un fond incliné sur lequel repose la cathode. Celle-ci est formée d'un anneau de fer garni de plusieurs morceaux de toile métallique également en fer ; plusieurs petits trous, percés dans le haut de l'anneau, permettent à l'hydrogène de se dégager, l'inclinaison du fond de la cuve a le même but. Le diaphragme repose sur la cathode, il est formé d'une feuille de papier parchemin ordinaire et d'une double feuille de carton d'amiante, reliées ensemble au moyen d'albumine de sang coagulée. Le diaphragme étant installé, on dispose sur ce diaphragme le récipient intérieur, en terre réfractaire, qui, par son propre poids, forme joint étanche et dans lequel on a précédemment introduit les anodes. Celles-ci consistent en fragments de charbon des cornues encastrés dans une masse de plomb qui détermine le contact électrique. Chaque cuve renferme ordinairement six à douze électrolyseurs qui peuvent chacun être isolés l'un de l'autre au moyen d'obturateurs en porcelaine.

L'appareil étant en place, on fait couler une solution saturée de sel dans le récipient extérieur jusqu'à ce que son niveau vienne à dépasser le bord supérieur (du récipient intérieur ?). On verse la même solution dans le compartiment de l'anode, jusqu'à ce que son niveau dépasse environ d'un demi pouce celui occupé par le liquide dans le compartiment de la cathode; on opère ainsi dans le but d'empêcher une pénétration de la solution du vase extérieur dans le vase intérieur, ce qui serait plus nuisible que l'inverse. On renouvelle les diaphragmes toutes les quarante-huit heures, pour cela on soulève simultanément et en entier le récipient intérieur de la cuve. (Ce renouvellement fréquent des diaphragmes doit être considéré comme un grand inconvénient du procédé Le Sueur). Au fur et à mesure que le charbon de l'anode s'use, on le rapproche autant que possible des anodes au moyen d'une vis. Au bout de six à huit semaines de fonctionnement, il faut renouveler complètement les anodes, à cet effet on démonte les cellules et on fond le plomb.

Lorsque l'électrolyse a duré assez longtemps pour que la concentration de la lessive de soude caustique ait atteint 10 p. 100, on la fait écouler et on précipite la soude à l'état de bicarbonate (ce mode opératoire ne peut, en aucune façon, être considéré comme économique).

Cross et Bevan discutent également les frais du procécé; nous les avons indiqués dans un autre chapitre et nous nous contenterons de relater ici que, d'après les renseignements donnés par ces auteurs, le procédé était appliqué à l'époque (novembre 1892) à Rumford Falls, dans l'Amérique du Nord, sur un pied de production journalière de trois tonnes de chlorure de chaux et qu'à la même époque une petite usine d'essai fonctionnait à Londres.

La durée très courte des diaphragmes constitue un point très faible de ce procédé, de même la transformation de la soude en bicarbonate est très irrationelle. Plus tard (*Journ. Soc. chim. ind.* 1894-453) Cross a annoncé que le procédé Le Sueur fonctionnait régulièrement depuis deux ans, que l'on obtenait 85 p. 100 du rendement théorique et que les difficultés éprouvées du chef des anodes et des diaphragmes avaient été réduites dans une très forte proportion.

Le brevet allemand de **Rieckmann** (n° 60755) décrit un appareil fort ingénieusement construit : les anodes consistent en charbon des cornues, dont on dispose un grand nombre de fragments d'égale longueur b^3 (fig. 5 et 6), dans une plaque de plomb suspendue dans une cloche en poterie réfractaire B.

Cette plaque porte trois guides qui coulissent dans des ouvertures correspondantes percées dans la partie supérieure de la cloche et surmontées par des tubulures en plomb c, d, e. Des pièces interchangeables g sont intercalées entre la surface supérieure de la cloche et les prolongements *l* qui protègent les guides. Lorsque les électrodes sont usées, on change les pièces *g*, de manière à faire pénétrer les électrodes plus profondément dans la cuve. La tubu-

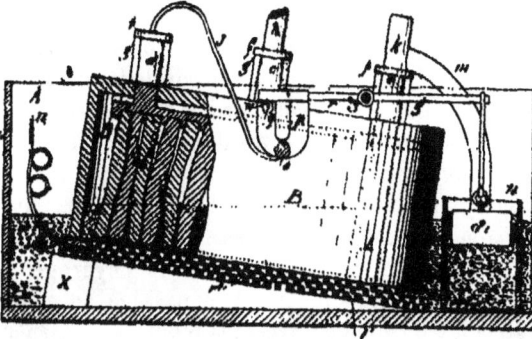

Fig. 5.

lure *c* sert également au dégagement du chlore qui s'échappe par le tuyau *h*. Le conducteur *j*, qui amène le courant à la borne positive, est soudé au plomb dans la tubulure *d*, la tubulure *e* reçoit

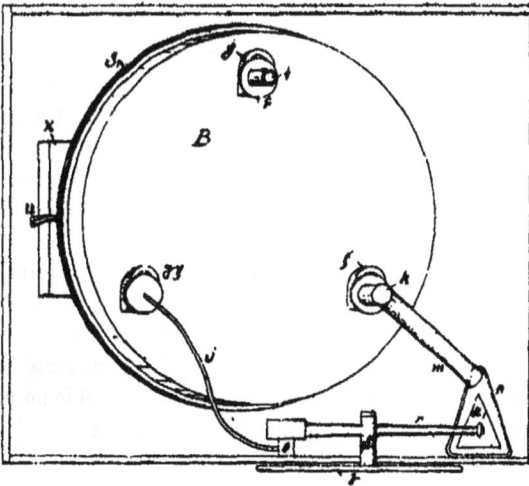

Fig. 6.

l'une des branches d'un siphon. Les tubulures sont assujetties dans les ouvertures de la cloche à l'aide d'un joint en asphalte amiantée ou composition analogue. La cathode t_1 est formée de plusieurs couches d'un tissu métallique serré dans l'anneau métallique s_1 qui est relié à la borne négative par le conducteur *u*. Cette cathode est placée dans une position inclinée et repose par un de ses côtés sur le fond de la cuve, par l'autre sur le bloc X. On pose sur l'anneau s_1 un diaphragme r^2 en amiante ou en papier parchemin et on met la cloche B en place. Les bords de la cloche viennent s'appliquer aussi exactement que possible sur s_1. Les petites bulles d'hydrogène qui se dégagent favorisent l'établissement d'un joint hermétique, car elles pressent le diaphragme contre les bords de la cloche. Le diaphragme est placé à une certaine distance de l'anode, ce qui le préserve un peu de l'action du chlore. A l'aide d'un siphon on introduit dans la cloche un volume de dissolution saline tel que le niveau de la liqueur soit plus élevé dans la cloche que dans la cuve A, cet excès de pression empêche le diaphragme de pénétrer dans la cloche sous l'effet de la pression exercée par les bulles d'hydrogène, il sert aussi à interrompre automatiquement le passage du courant. La branche en verre L d'un siphon traverse la tubulure e et pénètre dans la cloche jusqu'à une faible distance au-dessous de l'anode, tandis que la branche extérieure m, en plomb, aboutit dans le récipient n rempli d'une dissolution saline jusqu'au niveau occupé par la liqueur dans la cloche. Le poids a plonge dans le récipient n, il est suspendu à l'extrémité d'un levier r qui repose, au moyen d'un tourillon s sur le support t et détermine le contact d'un aimant en fer à cheval p dont le sommier métallique o est relié avec le conducteur j. Une des branches de l'aimant p porte une excavation q remplie de mercure dans laquelle plonge une pointe w fixée à l'extrémité du levier qui porte l'armature de contact de l'aimant. Le levier r est relié électriquement, par le tourillon s, avec la borne polaire correspondante. Aussi longtemps que le niveau du liquide en n ne se trouve pas modifié d'une manière sensible, le poids n'exerce aucune action et le circuit est fermé, mais si le niveau du liquide vient à baisser dans la cloche, par exemple par suite d'un relâchement du joint ou du déchirement du diaphragme, le siphon entre en fonctionnement, le liquide de n est aspiré dans la cloche et l'action exercée par le poids sur le levier r, sera d'autant plus grande que l'aspiration a été plus forte, finalement l'armature de contact sera arrachée et la pointe sera soulevée hors de l'excavation remplie de mercure, ce qui détermine l'interruption du courant.

Afin d'éviter l'accumulation du gaz-chlore dans le siphon lm, on pique sur sa partie supérieure, au point de rencontre des deux branches, une tubulure en plomb k qui est en relation avec la conduite du dégagement du gaz.

Kellner (brev. angl. n° 5.547, 1891), décrit un appareil analogue à un filtre-presse qui consiste en un grand nombre de cadres entre lesquels on interpose des diaphragmes poreux. Les cadres consécutifs constituent alternativement des chambres d'anodes et de cathodes ayant chacune leur écoulement respectif. Tous ces compartiments sont alimentés par un canal commun, qui règne dans leur partie inférieure, et que les diaphragmes ne viennent pas couper. Les électrodes consistent en baguettes de charbon, disposées et reliées électiquement de telle sorte que l'on puisse les enlever séparément sans qu'il soit nécessaire d'interrompre l'opération. Un canal latéral sert à soutirer continuellement la lessive de soude, le chlore et les lessives chlorées sont évacuées par un deuxième canal.

Guthrie (brev. angl., n° 24,276, 1893), décrit également un appareil, analogue aux filtres-presses. Le brevet suivant de **Kellner** (brev. angl., n° 9.346, 1892), décrit une cathode-cuve en fer contre l'un des côtés de laquelle on soude des cloisons de séparations dont l'extrémité s'arrête à une faible distance du côté opposé. On dispose, dans les intervalles, des cadres en verre, en poterie ou en matière analogue, qui renferment les anodes et les diaphragmes. Tout l'espace intermédiaire entre les diaphragmes est garni avec du charbon pulvérisé dans lequel plongent des baguettes ou des plaques de charbon qui servent d'anodes. Les diaphragmes sont en ardoise ou en verre, ils sont perforés de manière à ce que les ouvertures de l'un d'eux correspondent à des parties pleines du diaphragme suivant.

Blackmann (brev. all. n° 69,087), propose d'utiliser la différence de densité entre l'électrolyte et les produits de l'électrolyse pour leur séparation. Il opère l'électrolyse dans un récipient auquel on communique un mouvement rapide de rotation et qui porte, dans sa partie moyenne, deux ouvertures l'une pour le dégagement du chlore, l'autre pour celui de l'hydrogène. La lessive de soude caustique, formée à la cathode, se sépare de la dissolution de sel (?), forme une couche circulaire sur les côtés extérieurs et s'écoule goutte à goutte à travers une petite ouverture, dans un récipient collecteur. Les récipients sont en fer et servent de cathodes, les anodes sont en charbon.

Craney (brev. angl., n°⁹ 16,822, 1892; 9.205 et 9.207, 1893; brev. all., n° 71.674), emploie une cuve en bois munie d'un couvercle fermant hermétiquement, et dont le fond est entièrement recouvert par une couche d'une substance poreuse non décomposable, telle que de l'ardoise ou du verre pulvérisés. Des cloisons de séparation, qui servent de cathodes, divisent la cuve en compartiments disposés de telle sorte, que la liqueur soit forcée de s'écouler par dessus le premier compartiment pour pénétrer dans le fond du compartiment suivant. Les anodes sont en charbon et sont placées dans des cloches en poterie imperméable, ouvertes à leur partie inférieure, qui reposent sur le fond de la cuve par leur bord dentelé, et pénètrent par conséquent dans la substance poreuse.

On peut aussi faire consister les anodes en tubes ouverts en porcelaine, en poterie ou en verre, fermés à leur extrémité inférieure par un diaphragme poreux et remplis de charbon pulvérisé et comprimé. L'électrolyte circule à travers la matière poreuse qui garnit le fond de la cuve. La figure 7 représente une disposition de l'appareil décrite par Craney comme la meilleure. Le compartiment des anodes est constitué par des parties coniques munies extérieurement de nervures qui déterminent par leur empilage les saillies a. La partie supérieure c s'élève au-dessus du niveau de la solution. La cellule B peut aussi être constituée par un tube unique percé d'ouvertures obliques, dirigées vers la partie supérieure du tube et vers l'extérieur. Les brevets anglais de Craney n°s 11.105, 11.106, 11.107, 11.108, 17.127 pris en 1893 décrivent encore de nouvelles dispositions de l'appareil électrolyseur. Les brevets allemands n°s 73.637, 75.917, 77.349, 78.539, 79.658 et les brevets anglais n°s 6.426, 9.761 et 9.949, pris en 1894, ont pour objet le même but.

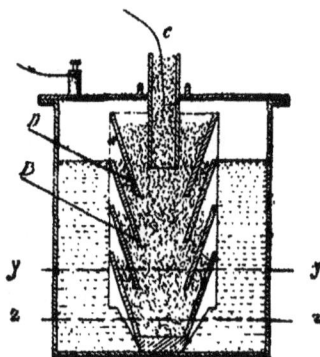

Fig. 7.

Roubertie, Lapeyre et Grenier (brev. all. n° 67,754) produisent simultanément de l'acide chlorhydrique et de la potasse caustique ; ils opèrent de la manière suivante :

Une cuve, revêtue intérieurement de verre, est divisée par une cloison C en deux compartiments A et B (fig. 8) que l'on remplit de sel marin pulvérisé jusqu'à l'extrémité inférieure de C, deux tubes E conduisent une dissolution saturée de sel dans le fond des deux compartiments. A renferme les électrodes négatives F formées par des plaques rectangulaires verticales reliées entre elles, B renferme les électrodes positives GG' en métal argenté, plomb, verre argenté ou charbon, disposées sous une certaine inclinaison. A est fermé hermétiquement dans sa partie supérieure. L'hydrogène, aspiré en H à l'aide de la pompe P est refoulé dans le compartiment positif dans lequel pénètre la conduite de refoulement T terminée par un tuyau transversal percé de trous.

Les bulles gazeuses se dégagent, à travers ces trous, le long des électrodes inclinées GG', se combinent avec le chlore qui a pris naissance à cet endroit, pour former de l'acide chlorhydrique qu'on

soutire latéralement par K. La lessive de soude formée au pôle
négatif est entraînée vers la partie supérieure par l'hydrogène et
s'écoule latéralement par L. La vidange complète de la cellule A
peut être opérée par la tubulure L. On peut aussi introduire la dissolution de sel par la partie supérieure et soutirer la lessive de soude
caustique à la partie inférieure. Le brevet décrit en outre d'autres
dispositions d'appareils ayant le même but pour objet.

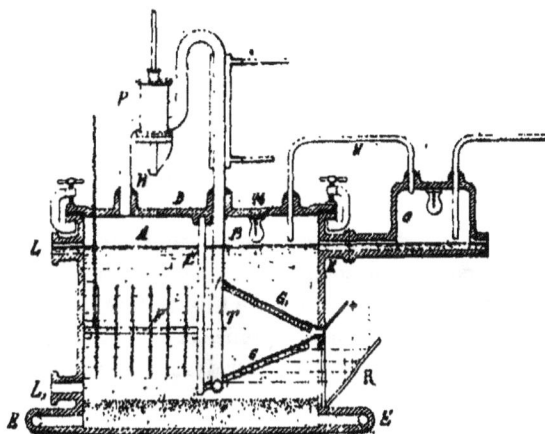

Fig. 8.

Andreoli (brev. all. n° 75.033), décrit un appareil qui consiste
en une cuvette peu profonde partagée transversalement en compartiments extrêmes et dans son milieu en cellules d'anodes et de
cathodes, disposées en séries parallèles. Ces cellules sont elles-
mêmes divisées en deux compartiments superposés de telle façon
que le compartiment supérieur de gauche soit toujours électriquement équivalent au compartiment inférieur de droite et inversement.
La circulation méthodique de la liqueur est assurée par une pompe,
le chlore et l'hydrogène sont aspirés au fur et à mesure de leur production. La lessive de soude n'est enrichie en sel qu'autant qu'il
en est besoin, par contre la densité de la solution chlorée est
maintenue constante par une continuelle addition de chlorure de
sodium. Le cycle des opérations se poursuit d'une manière continue,
d'après l'inventeur les rendements en chlore et en soude sont
presque théoriques.

L'appareil de **Faure** (brev. all. n° 70727) se compose de cloisons
en briques poreuses surmontées d'un couronnement imperméable.
Les diaphragmes sont également en briques poreuses et sont
disposés parallèlement à ces cloisons.

La séparation de deux éléments consécutifs est déterminée par une cloison formée d'un mélange de terre limoneuse, de charbon, de bitume et de cailloux roulés, transformé par une forte calcination dans un four en une matière conductrice et imperméable qui constitue les électrodes. Les éléments reposent sur un sol maçonné étanche et non conducteur formé de carreaux enduits d'un limon bitumineux. Les électrodes sont garnies sur leurs deux faces de coke qui les préserve contre l'attaque du chlore et de la soude, mais qui lui-même est peu à peu attaqué. On peut aussi protéger les cathodes par un revêtement de plaques de fonte. Dans la pratique, afin d'éviter la formation à l'anode d'une trop forte proportion d'acide hypochloreux mélangé au chlore, on introduit au début dans l'appareil une solution de sulfate de soude ou de l'acide sulfurique et pendant l'électrolyse on ajoute peu à peu à la liqueur du chlorure alcalin.

L'acide sulfurique se concentre dans le compartiment de l'anode garni de coke et décompose le chlorure alcalin pour former de l'acide chlorhydrique qui met en liberté tout le chlore de l'hypochlorite. La dissolution est chauffée entre 20°-30° avant d'être introduite dans l'électrolyseur, l'électrolyse élève sa température dans le bain jusque vers 60°, ce qui favorise le dégagement du chlore et augmente la conductibilité du bain. Les gaz sont constitués par un mélange de chlore, d'oxygène et d'acide carbonique formé aux dépens du coke. On les fait passer sur du coke incandescent pour transformer l'acide carbonique en oxyde de carbone qui, en mélange avec le chlore, n'est pas nuisible dans la fabrication du chlorure de chaux.

L'appareil de l'**Union Chemical Company** à New-York (brev. angl. n° 23.436, 1893) comprend, comme d'ordinaire, une cuve en fer qui sert de cathode. Les anodes sont en charbon des cornues, percées à leur extrémité supérieure d'ouvertures traversées par des crayons de charbon enduits de paraffine ou protégés par des tubes en verre; ces baguettes servent à établir la communication électrique. Les anodes sont posées verticalement sur une base isolée qui repose sur une toile métallique, dans le fond de la cuve, elles sont recouvertes d'une cloche en poterie qui reçoit le chlore que l'on peut aspirer à l'aide d'un exhausteur.

Blackmore (brev. angl. n° 23.913, 1893) emploie trois cuves dont deux ne renferment au début que de l'eau, la troisième, placée entre les deux premières et à un niveau inférieur, reçoit une solution de sel, mais la liqueur y occupe un niveau moins élevé que dans les deux premières.

Cette cuve est séparée de celles qui contiennent de l'eau et qui renferment les électrodes par des diaphragmes poreux ou « dialytiques », de telle sorte que l'électrolyte ne puisse pénétrer dans les cuves à eau situées à un niveau supérieur. Celles-ci reçoivent plus tard également une solution étendue de l'électrolyte.

Hargreaves et Bird (brev. all., nº 76047, brev. angl., nº 18871, 1893, nᵒˢ 5.197 et 18.173, 1892, *Monit scient Quesnev.* 1894, brevets page 107), emploient des cellules avec diaphragmes poreux disposés horizontalement (ils seront décrits dans le chapitre VII, exclusivement réservé pour cette étude). Ces cellules ne renferment du côté de la cathode, que la quantité de liquide qui pénètre à travers le diaphragme ou qui est introduite sous forme de vapeur ou de buée pour le lavage du cation. Les anodes sont en charbon. La dissolution de sel marin est introduite, par l'un des côtés, dans le compartiment de l'anode qui est en poterie et disposé au-dessus du compartiment de la cathode, elle s'écoule par le côté opposé ; le chlore est éliminé à la partie supérieure de l'appareil, la solution se déverse ainsi par-dessus le diaphragme et dépose de la soude caustique sur son côté à la partie inférieure. Le compartiment inférieur (de la cathode) consiste en une cuve en fonte munie d'une conduite de vapeur et d'un tuyau d'écoulement pour la lessive de soude caustique qui a pris naissance dans ce compartiment. La vapeur qu'on y dirige enlève continuellement par lavage la soude caustique qui imprègne le diaphragme et la chaleur développée favorise la réaction.

On peut aussi, au lieu de la vapeur, employer de l'eau sous forme de pluie fine, ou bien encore de l'air ou de l'acide carbonique humides provenant, par exemple, d'une machine à air chaud, dans ce cas on obtient naturellement du carbonate ou du bicarbonate. Pour éviter la polarisation on peut recouvrir la cathode d'une couche d'oxyde métallique ou d'une substance catalytique comme le platine en combinaison avec l'oxygène ou avec une substance qui en dégage. Les brevets nᵒˢ 83.527 et 88.081 de ces mêmes inventeurs ont pour objet la description d'une disposition plus économique de l'appareil et de nouveaux perfectionnements apportés à leur procédé.

Il résulte d'une conférence de Hargreaves (*Journ. Soc. chim. Ind.* 1895, 1011) que, dans la pratique, ces inventeurs opèrent avec introduction de vapeur et d'acide carbonique dans la chambre de la cathode et que par conséquent leur procédé entre dans la catégorie de ceux qui seront décrits dans le prochain chapitre. Ils indiquent les données suivantes qui sont les résultats d'une période de cinquante-neuf jours de marche :

Densité du courant par pied carré	18.7 A
Force électromotrice par cellule.	3.4 V
Rendement du courant.	80.3 p. 100
Chlorure de sodium indécomposé p. 100 p. NaOH .	7.77 —
Chlore par ampère, heure.	1.31 gr.
Chlore par kilogramme chlorure de chaux. . . .	350 —

On consomme par conséquent tout au plus deux chevaux heure par kilogramme de chlorure de chaux et on peut en tout cas développer cette force avec 1 kilog. de charbon (?)

Le prix de revient de la tonne de soude calcinée à 58° (= 99 p. 100), reviendrait tout au plus à 52 shellings (= 58 fr. 24), emballage compris ; on pourrait, en produisant par ce procédé de la soude calcinée, réaliser un bénéfice supérieur à celui que laisse la fabrication de la soude caustique (?)

L'appareil de **Joergensen** (brev. angl. n° 5721, 1894) est en forme de U, il comprend un diaphragme poreux dans sa courbure inférieure et des électrodes qui pénètrent jusqu'au fond des branches.

La fabrique de matières colorantes, ancienne maison **Meister, Lucius et Brunning** (brev. all. n° 73,651) dirige l'électrolyte entre les électrodes de manière à le diviser en deux courants qui le répartissent à droite et à gauche, sur une surface au moins égale à celle des électrodes et qui se déversent sur leurs côtés extérieurs. La liqueur peut être dirigée par un système de conduites de telle sorte que la division en deux courants ne s'opère qu'au point de sortie dans l'espace compris entre les deux électrodes, ou bien immédiatement, dès son entrée dans l'appareil, dans deux systèmes de conduites pour chaque électrode en particulier ; ce dernier mode de répartition est préférable lorsque la liqueur doit faire retour dans les cellules de décomposition, sans séparation préalable des produits de la décomposition. Dans les deux cas il y a production de deux courants liquides distincts qui se dirigent séparément vers les électrodes.

Dans la figure 9 par exemple, la solution provenant d'un réservoir placé à un niveau supérieur pénètre sous pression dans la cellule de décomposition en traversant les petits tubes r_1 r_2... rn, superposés verticalement entre les électrodes ; ces tubes sont munis, dans leur partie supérieure et sur toute leur longueur, d'ouvertures dirigées vers la droite et vers la gauche ; la liqueur s'écoule ensuite par les tubes R et R_2 placés sur les côtés extérieurs des électrodes et percés sur sur toute la longueur d'un grand nombre de petits trous. Elle se rend ensuite dans deux récipients dans lesquels elle est prise par une pompe, élevée dans des réservoirs supérieurs et ramenée à son degré de concentration primitif.

La figure n° 10 représente une disposition analogue qui comprend des augets creux percés de petits trous dans le sens de la longueur, et fig. 11, la disposition dans laquelle la liqueur se partage, dès son entrée dans la cellule, en deux systèmes différents de conduite. Les tubes sont toujours superposés aussi exactement que

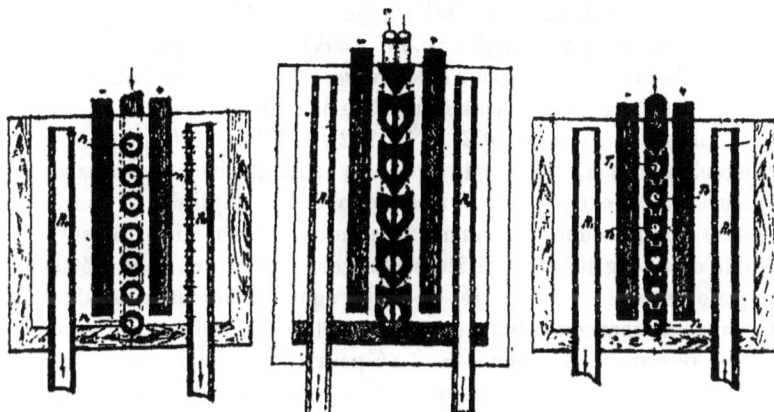

Fig. 9.   Fig. 11.   Fig. 10.

possible l'un au-dessus de l'autre, les intervalles peuvent être remplis par une couche de substances osmotiques. Il est préférable de faire couler l'électrolyte à travers une série de cellules de décomposition disposées en étage l'une au-dessus de l'autre.

Ce procédé a été breveté en France (n° 236.508, 16 mai 1894) par la Compagnie parisienne des couleurs d'aniline (*Monit. scient.*, 1895, brev. 10).

La Société **Outhenin, Chalandre fils et Cie** (brev. all. n° 73,964) a breveté un appareil dans lequel les cathodes en fer pénètrent horizontalement dans la cloison de séparation, contre le compartiment des anodes. Le compartiment de la cathode est alimenté avec de l'eau, afin d'éviter que la lessive de soude caustique ne reste mélangée avec du sel marin en excès. Le brevet donne des détails très circonstanciés sur la construction de l'appareil.

Hurter, Auer et Musspratt (brev. angl. n° 19.791, 1893) placent les anodes dans une cloche sous l'orifice inférieur de laquelle on dispose à une certaine distance des plaques en matière non conductrice qui font saillie de tous côtés sur le bord et empêchent l'hydrogène, qui a pris naissance au fond du compartiment extérieur de la cathode, de pénétrer dans le compartiment de l'anode.

D'après *Z. f. Elektrotechnik. u. Electrochemie*, 1894, 301, Jabloschkoff a proposé, il y a dix ans déjà, un récipient construit exactement de la même façon et destiné à la décomposition des sels fondus.

Drake (brev. angl. n° 11.644, 1894), emploie un creuset en matière poreuse posé dans un récipient en fer et entouré d'un tissu métallique en cuivre amalgamé qui sert de cathode. Le creuset reçoit la solution saline, l'espace intermédiaire entre le creuset et le récipient en fer, de l'eau (*Monit. scient., Quesnev.*, 1895, brev. 75).

Carmichael (brev. angl. n° 8.061, 1894) décrit un grand nombre de conditions à remplir pour l'électrolyse ; les revendications dans lesquelles il les formule sont au nombre d'une trentaine!

Roberts (brev. angl. n° 20.211, 1892 et 13.358, 1894) opère dans un récipient en fer qui sert de cathode, l'anode en charbon est placée dans un récipient poreux en terre réfractaire rempli de sel marin solide ; on introduit constamment de nouvelles quantités de sel à l'aide d'un long tube. Extérieurement, dans un sac en toile métallique ou en amiante, se trouve un diaphragme gélatineux formé d'un mélange de charbon pulvérisé avec une solution de silicate de soude à 25°-30° Baumé additionnée de 2 à 4 pour 100 de soude caustique. Le but de cette dernière addition est d'empêcher la coagulation de l'acide silicique qui pourrait se produire en présence des impuretés du charbon.

Gall et **de Montlaur** (brev. franç., n° 240.697) décrivent l'appareil électrolytique suivant : un certain nombre de tubes poreux sont placés horizontalement dans un bac qu'ils traversent dans toute sa longueur, les anodes en charbon sont placées à l'intérieur de ces tubes, les cathodes extérieurement, cette disposition permet de réaliser une meilleur répartition du courant. La liqueur pénètre par la partie inférieure à l'une des extrémités du tube et les gaz s'élèvent dans une sorte de cloche qui forme le prolongement des tubes à la partie supérieure. Ou bien encore le compartiment négatif est constitué par un cylindre fermé dans lequel on dispose verticalement les tubes poreux. (*Monit. Scient. Quesn.*, 1895, brev. 121.)

Hulin (brev. all., n° 81.893) se propose, en employant des électrodes poreuses présentant seulement une seule surface active (électrofiltres), d'obtenir la migration des ions de l'électrolyte qui se trouve sous pression entre ces électrodes, vers les compartiments extérieurs dans lesquels la soude caustique et l'acide chlorhydrique doivent s'emmagasiner et cela avec une différence de potentiel de 1 volt seulement (?)

Thofehrn (brev. all , n° 81.792. dispose l'appareil de manière que les gaz produits par l'électrolyse (chlore et hydrogène) puissent être recueillis en partie mélangés (pour produire de l'acide chlorhydrique) et en partie séparément. A cet effet, on dispose, entre les électrodes superposées, un écran qui récolte une partie du gaz dégagé à l'électrode inférieure et la dirige vers l'extérieur. Suivant la largeur de cet écran, qui peut être changé à volonté, on récolte une plus ou moins grande proportion de gaz.

Solvay (brev. all., n° 80.633, *Monit. Scient.*, brev. 1895, p. 81), opère sans séparer les deux gaz, chlore et hydrogène, produits par l'électrolyse. La présence de l'hydrogène n'exerce aucune influence nuisible sur l'absorption du chlore par la chaux, lorsqu'on fait usage d'un appareil de chloruration mécanique, travaillant d'une manière continue, dans lequel les dangers d'explosion sont très faibles. Il donne la préférence à un tambour rotatif, placé dans une position inclinée et portant intérieurement des nervures héliçoïdales.

Le mélange gazeux est rendu encore moins explosif, lorsqu'on lui additionne l'hydrogène pur provenant d'une opération précédente, dans ce cas, on peut même faire usage de chambres à chlorure ordinaires.

Le mélange de chlore et d'hydrogène peut être employé directement pour la fabrication des hypochlorites par voie humide. Ce procédé présente l'avantage, au point de vue de la construction de l'appareil électrolytique, de rendre inutile l'étanchéité pour les gaz.

Straub (brev. all., n° 73.662) propose de chauffer et de refroidir les solutions, dans le bain lui-même, par l'intermédiaire des électrodes. Dans ce but, les plaques d'électrodes sont reliées entre elles de manière à former des cadres fermés dont l'intérieur est occupé par l'électrolyte et que l'on plonge ensuite dans l'eau bouillante ou dans l'eau froide, ou bien les électrodes elles-mêmes sont creuses et le liquide, porté à la température voulue, circule à l'intérieur.

Gautier (brevet angl.; n° 10.032, 1894) propose de refroidir les électrodes à la température qui doit régner dans la cellule; à cet effet il fait circuler la liqueur à électrolyser dans des tubes à travers l'anode; la cathode reçoit un mouvement de rotation et est refroidie par de l'eau (voir le brevet de Nahnsen, page 46).

Bein (brev. all.; n° 84.549) électrolyse des eaux de marais salants, des solutions de bromure de sodium et de chlorure de potassium, etc., sans le secours d'un diaphragme; à cet effet, lorsque les solutions qui prennent naissance aux électrodes commencent à se mélanger avec la solution principale (ce que l'on reconnaît à l'aide d'indicateurs), il plonge dans l'appareil une cloison imperméable et sépare ensuite les produits de la décomposition.

Blackmann (brev. amér.; n° 541.146 et 541.147) décrit des dispositions ayant pour objet d'empêcher l'élévation de température des électrolytes par l'introduction dans la liqueur de tubes réfrigérants et par circulation de l'électrolyte entre les cellules de décomposition et les appareils réfrigérants (*Monit. scient., Quesn.*, 1896, brev. 75).

Carmichael (brev. all.; n° 87.676) décrit un appareil assez compliqué comportant un diaphragme légèrement incliné sur l'horizontale, qui doit fournir du chlore à sa partie supérieure et de la soude caustique à sa partie inférieure.

J. B. Baldo, à Trieste, a breveté (brev. angl.; n° 10.032, 1894 et brev. all. B, 18.201, 10 mars 1890) un procédé de préparation du chlore et de l'acide chlorhydrique par l'électrolyse de l'eau de mer, des solutions de sel gemme ou d'autres solutions contenant du chlorure de sodium mélangé à du sulfate. Ce procédé consiste à fractionner, dans un appareil, refroidi par un courant d'eau, et en employant des anodes en charbon (le refroidissement est inopportun), le liquide des cellules positives obtenu par l'électrolyse des eaux salées, à le distiller et à calciner le résidu de l'évaporation.

L'eau de mer est concentrée jusqu'à 8° Baumé (= 1,0600), puis soumise à l'électrolyse. Le chlore dégagé à l'anode est recueilli et employé à la préparation des hypochlorites ou des chlorates par les méthodes ordinaires. La liqueur de l'anode est formée d'une solution de soude caustique qui peut être employée telle quelle ou bien être concentrée et évaporée à siccité pour produire de la soude caustique solide.

La liqueur des cellules en terre poreuse, dans lesquelles plongent les cathodes, contient encore du sel indécomposé, de l'acide sulfurique libre, des sulfates, etc. On la distille; il passe d'abord de l'eau, puis de l'acide chlorhydrique étendu; le résidu de la distillation est calciné au rouge dans des cornues en fer, il abandonne encore de l'acide chlorhydrique mélangé d'acide sulfurique, dont on le débarrasse par les moyens ordinaires (*Monit. scient., Quesn.*, 1896, brev., page 106).

Production simultanée du sulfate de soude et du chlore.

Parker et Robinson (brev. angl.; n° 2310, 1880) introduisent dans le compartiment de l'anode une solution à moitié saturée de sel marin et dans le compartiment de la cathode une solution de sulfate de fer. Le passage du courant détermine la formation de chlore à l'anode et celle de fer métallique et de sulfate de soude à la cathode.

Utilisation du bisulfate brut par l'électrolyse.

Darling (brev. angl.; n° 11.316, 1895) introduit une solution de bisulfate dans les deux compartiments extérieurs d'une cuve divisée en trois compartiments. Le compartiment moyen contient une dissolution de sel. Par suite de l'électrolyse de cette dernière, le sodium pénètre à travers les cloisons poreuses dans les compartiments intérieurs, et y convertit le bisulfate en sulfate normal; on obtient, comme d'ordinaire, du chlore dans le compartiment moyen.

Traitement ultérieur des solutions de soude caustique obtenues par l'électrolyse.

Kellner (brev. angl.; n° 9.347, 1892) opère de la manière suivante la séparation de la soude caustique, obtenue par l'électrolyse, d'avec le sel marin non décomposé : la solution est introduite par un tube dans un appareil de « précipitation » dans lequel elle est évaporée jusqu'à cristallisation du chlorure de sodium. Le magma ainsi obtenu est évacué dans un appareil de déplacement muni d'un faux fond recouvert d'un tissu métallique. On ajoute un volume d'une dissolution de sel qui, d'après l'expérience, est égal au volume de la lessive de soude retenue mécaniquement; la solution de soude caustique déplacée s'écoule dans un autre récipient et est soumise à une nouvelle évaporation ; la soude retenue par le sel déposé est éliminée par des déplacements successifs, jusqu'à ce que l'on obtienne le degré de concentration désiré.

Browne et Guthrie (brev. angl.; n° 8.907, 1893. *Monit. scient.*, *Quesn.*, 1895, brev., page 50), proposent de mélanger aux lessives caustiques produites par l'électrolyse, du bicarbonate de soude obtenu par le procédé de fabrication de la soude à l'ammoniaque privé par calcination d'une partie de son acide carbonique; les deux composés sont mélangés dans la proportion nécessaire pour la formation du carbonate neutre, on ajoute 2 p. 100 de sulfate de soude et un peu de chlorure de chaux pour déterminer l'oxydation de certaines matières colorantes; on amène la solution à une concentration de 26 p. 100, $Na^2 Co^3$, on laisse décanter et on fait cristalliser la liqueur.

Haeussermann (voyez plus haut, page 35), estime avec raison, que la manière la plus rationnelle de traiter les lessives produites par l'électrolyse du sel marin consiste à les évaporer dans des appareils sous pression réduite, de préférence dans ceux qui sont munis d'un dispositif pour l'évacuation automatique des sels déposés[1], la solution concentrée jusqu'à une densité de 1,45, est ensuite évaporée dans les chaudrons de fusion en vue de la préparation de la soude caustique solide.

Solvay et Cie (brev. angl., n° 14.987, 1894, *Monit. scient. Quesnev.*, 1895, brev. 126), précipitent le sel marin des solutions électrolysées en les additionnant d'une solution de soude caustique d'une densité de 1,385 (40° B.). La bouillie obtenue étant d'une filtration difficile, on la chauffe à 100° dans un appareil muni d'un faux fond perforé de trous et d'une double enveloppe dans laquelle circule la vapeur, la lessive caustique est déplacée mécaniquement par une solution de sel marin introduite à la partie supérieure de l'appareil.

Kellner (brev. all., n° 85,021, *Monit. scient. Quesnev.*, brev. 1896-19), fait couler la liqueur de l'anode le long d'un sytème de chaînes ou de torons de fils métalliques, en sens contraire des gaz des foyers qui opèrent économiquement sa concentration.

Ce procédé, est tout simplement celui de Ungerer, décrit il y a seize ans déjà dans la première édition de mon traité de la fabrication de la soude ; dans ce procédé, la majeure partie de l'hydrate de soude est convertie en carbonate.

II. — *Procédés ayant pour but de faciliter l'électrolyse du chlorure de sodium par transformation de la soude caustique formée en carbonate ou en un autre composé sodique.*

L'électrolyse d'une solution aqueuse de sel marin ne peut, sans inconvénient, se poursuivre jusqu'à la séparation complète en soude et en chlore, d'abord, parce que le courant exerce une action décomposante sur la soude caustique.

Assurément la chaleur de formation de l'hydrate de sodium (en solution), en partant des composants Na, H et O, est égale à 112,1 calories, tandis qu'elle n'est que de 96,2 calories pour NaCl (en solution); Hermite et Dubosc commettent une erreur en admettant le contraire dans leur brevet n° 60.089, car ils ne tiennent compte que de la chaleur de formation de l'oxyde sodique, par $Na^2O = \dfrac{115,2}{2}$.

Par conséquent, il est faux d'admettre, comme le font ces Messieurs, qu'un courant d'une force électromotrice suffisante pour

---

1. Voir le chapitre spécial sur l'évaporation des lessives, pages 177 et suivantes.

déterminer la décomposition de NaCl, doit aussi décomposer le produit, car ce n'est pas Na^2O, mais bien $NaOH$, qu'il faut considérer dans ce cas.

Toutefois, il n'est pas possible de régler le courant de manière à ce que NaCl seulement soit décomposé, à l'exclusion de NaOH, et par conséquent les efforts tentés dans le but de soustraire NaOH aussi rapidement que possible à l'action du courant sont théoriquement justifiés.

La plupart des propositions faites dans ce sens tendent à transformer la soude caustique en carbonate ou en bicarbonate par addition d'acide carbonique ; ces sels sont insolubles dans une solution concentrée de sel marin et sont ainsi soustraits à l'action du courant. Mais on peut aussi, comme nous allons le voir, arriver au même but par une voie différente.

W. Hempel (*bullet. soc. chim.* de Berlin, 1889, 2475 ; *Monit. scient. Quesnev.*, 1890-255) a publié des recherches en partant de ce fait connu que la décomposition des chlorures alcalins, en composés facilement solubles, ne peut jamais s'opérer d'une manière complète, parce que les produits formés sous l'influence du courant électrique subissent eux-mêmes une nouvelle décomposition, lorsqu'ils se sont accumulés dans une certaine proportion. Le cas est différent lorsqu'il y a formation de composés peu solubles. Ce fait avait, auparavant déjà, reçu son application dans la préparation électrolytique du chlorate de potasse (Hempel indique aussi celle du chlorate de soude ; toutefois, dans ce cas, la grande solubilité du chlorate de soude constitue un inconvénient). L'auteur a essayé d'utiliser, dans le même but, la faible solubilité du carbonate et du bicarbonate de soude dans une solution saturée de sel.

A cet effet, Hempel a construit un appareil analogue à celui décrit dans le brevet de Marx, qui sera mentionné plus loin (mais qui lui était sans doute inconnu à l'époque) et dans lequel on introduit de l'acide carbonique pendant l'électrolyse.

Il indique que l'on peut opérer de manière à obtenir d'un côté du chlore, de l'autre du carbonate de soude cristallisé (toutefois, il ne ressort pas de cette description qu'il ait vérifié expérimentalement l'exactitude de ce dernier point ; il est bien plus probable que dans son procédé il y a surtout formation de bicarbonate de soude et qu'il faut employer une quantité proportionnellement plus grande d'acide carbonique, ce que Marx avait déjà admis d'emblée).

L'auteur fait remarquer avec raison que les diaphragmes liquides, brevetés par Marx, doivent avoir un fonctionnement très défectueux ; il a trouvé que les cellules en terre réfractaire s'obstruaient trop facilement, que le papier parchemin et les peaux animales ne résistaient pas aux actions chimiques. L'amiante, sous forme de carton d'amiante ordinaire, prenait au bout de quelque temps une consistance si molle qu'elle devenait inutilisable. Mais il a reconnu que cette matière pouvait être utilisée très avantageusement lorsqu'on l'emploie sous une forme qui permet d'éviter toute déformation. La disposition de l'appareil dont Hempel s'est servi dans ses essais de laboratoire est indiquée par les figures 12 et 13, mais d'après l'auteur cet appareil peut facilement être construit en grand, car la cathode cuve peut être en fer.

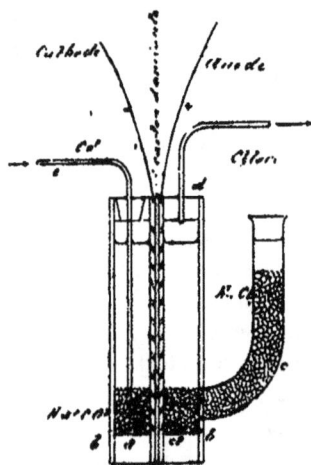

Fig. 12.

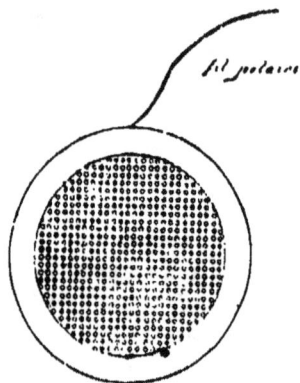

Fig. 13.

Une plaque de tôle perforée sert de cathode, l'anode est formée par un disque mince de charbon perforé. Les ouvertures ont environ 4 millimètres de diamètre et sont dirigées obliquement vers le haut, de telle sorte que les bulles gazeuses puissent facilement se dégager à la partie supérieure.

Les deux électrodes ont une forme circulaire, les ouvertures font défaut sur le bord, large d'environ 3 centimètres, afin de permettre de former le joint sur la suface annulaire ainsi déterminée (fig. 13). Le diaphragme est constitué par un disque en carton d'amiante ordinaire qui est serré directement entre les plaques de tôle et de charbon.

Cette disposition présente d'un côté le grand avantage que les électrodes peuvent être rapprochées l'une de l'autre à une distance inférieure à un millimètre, par suite la résistance électrique de la liqueur est presqu'insignifiante, d'un autre côté le carton d'amiante se trouve protégé d'une manière suffisamment efficace pour que l'on n'ait pas à craindre un déchirement sous l'action de la pression exercée par la liqueur.

Après un fonctionnement de huit jours, non interrompu jour et nuit, le diaphragme était encore en parfait état de service.

Sur les deux côtés des électrodes on détermine des compartiments au moyen de deux larges anneaux en porcelaine (a) et de disques en verre (b), le tout est maintenu par des vis de serrage qu'on a négligé de figurer dans le dessin. Les joints entre le verre, la porcelaine, le fer et le charbon, sont obtenus au moyen de bagues de caoutchouc très minces.

Le disque en verre, qui limite la chambre de l'anode, porte, dans sa partie inférieure, une ouverture dans laquelle on assujettit, à l'aide d'une bague en caoutchouc, un large tube de verre recourbé qui s'y adapte exactement (c).

Le chlore se dégage par un tube de verre de faible diamètre d, fixé dans une ouverture de l'anneau de porcelaine du compartiment de la cathode. L'anneau de porcelaine du compartiment de l'anode est percé, dans sa partie supérieure, d'une large ouverture qui permet d'une part l'introduction d'un tube pour diriger l'acide carbonique dans l'appareil, de l'autre d'extraire le carbonate de soude cristallisé qui s'est séparé.

Si donc on introduit par le tube c, dans le compartiment de l'anode, une quantité suffisante de chlorure de sodium en morceaux et si on remplace l'eau qui a été absorbée par la cristallisation de la soude, on pourra travailler d'une manière continue, il se séparera de la soude absolument pure et du chlore presque chimiquement pur.

Quoique les phénomènes de décomposition soient favorisés par température de l'ébullition, il est préférable d'opérer à la température ordinaire, car autrement la solubilité de la soude serait trop grande.

L'appareil exige une force électromotrice de 3,2 V pour la décomposition du sel et de 2,5 V pour vaincre le courant de polarisation qui prend naissance par suite du contact des plaques de charbon noyées dans une solution de chlorure de sodium, saturée de chlore avec les plaques de fer qui sont baignées par une solution de sel marin saturée de soude. Lorsque les deux électrodes étaient en charbon, la tension du courant de polarisation était très faible. Avec une intensité de courant de 1,73 ampères, développés par des éléments ordinaires de Bunsen, on a séparé 0.930 gr. de chlore par heure. Une force d'un cheval, comptée à 680 volts ampères, produirait, l'appareil étant actionné par un dynamo, 64,5 gr. de chlore et 259,8 gr. $Na^2CO^3 + 10 H^2O$ par cheval et par heure.

Au début, le chlore était recueilli dans une solution d'iodure de potassium et déterminé d'après la quantité d'iode séparé, la quantité de soude indiquée a été calculée, équivalente au chlore.

On peut reprocher au travail de Hempel, ainsi qu'aux autres procédés décrits dans ce chapitre, la transformation de la soude caustique, qui a une valeur bien plus grande, en un produit d'une valeur très inférieure (cristaux de soude ou bicarbonate brut), ce qui entraîne encore à des frais supplémentaires pour la production de l'acide carbonique (frais que comporte aussi l'emploi de gaz de four à chaux ou de gaz analogues), et doit être considéré comme un contre-sens au point de vue économique. Du reste l'appareil, tel qu'il est décrit par l'auteur, ne peut être adopté dans la pratique industrielle sans modifications, car le compartiment de l'anode ne peut pas être en fer et, en raison de la disposition collatérale adoptée, il serait bien difficile de construire un appareil technique avec d'autres matériaux.

Toutefois, on pourra fort bien réaliser ce but en disposant dans le milieu d'une cuve en fer, qui forme la cathode, deux systèmes de plaques de fer et de plaques de terre réfractaire combinées entre elles, comme l'indique Hempel, la terre réfractaire étant à l'intérieur, le fer à l'extérieur, dans ce cas, l'espace central constitue la chambre de l'anode. La disposition indiquée par Hempel pour la construction du diaphgrame en amiante, avec écartement minimum des électrodes, paraît très convenable et susceptible d'être adoptée dans la pratique.

La force électromotrice employée par l'auteur, dans ses essais, était, en tout cas, excessivement élevée et enlèverait toute valeur économique au procédé, mais dans la pratique industrielle, les choses doivent se passer autrement.

Marx (brev. all,, nᵒˢ 46.318, 48.757 et 57.760) propose également de favoriser l'électrolyse du sel en saturant la soude produite par l'acide carbonique qui la soustrait à l'action décomposante du courant. Il préconise, en outre, un autre système qui consiste à séparer le compartiment de l'anode de celui de la cathode par une couche de liquide que l'on préserve, au moyen d'un treillage ou d'une clisse, d'un mélange trop rapide avec les autres solutions, on diminue ainsi sensiblement la résistance électrique.

Des sommiers percés de trous sur les côtés reçoivent le sel marin qui se dissout peu à peu et maintient constante la concentration de la liqueur.

L'acide carbonique est introduit, dans le compartiment de la cathode, au moyen d'un tuyau percillé de nombreuses ouvertures, en proportion suffisante pour précipiter la soude à l'état de bicarbonate qui est éliminé de l'appareil par une vis d'Archimède et une chaîne à godets. La liqueur qui constitue la couche de séparation le diaphragme liquide) est une solution de sel marin contenant en suspension de la chaux dont le but est d'empêcher l'acide carbonique de pénétrer dans la chambre de l'anode.

Le bicarbonate de soude est décomposé par les méthodes ordinaires ou même en le mélangeant rapidement avec des lessives caustiques non carbonatées, il se trouve ainsi transformé en soude ordinaire qui ne se dissout pas immédiatement et que l'on sépare par turbinage des eaux-mères, (On doit obtenir ainsi un produit très impur) ou bien encore on le traite par un lait de magnésie, qui le transforme en un sel double, que l'on décompose ensuite par ébullition et évaporation de la solution.

Marx décrit ensuite un récipient à l'intérieur duquel se trouvent deux cloisons de séparation qui fonctionnent osmotiquement, le chlore et la soude se diffusent dans la chambre d'osmose, ainsi déterminée, et se combinent à l'état d'hypochlorite qui sert de liqueur de blanchiment et est retransformé en chlorure après avoir produit son effet utile, cette solution fait alors retour dans le compartiment de l'anode. On peut de la même manière obtenir des chlorates qui se déposent immédiatement sous forme solide dans la chambre d'osmose.

Le même auteur décrit dans son dernier brevet (n° 57.670; brev. angl., n°s 6.266, 1890, et 3.738, 1891) uhe disposition particulière du récipient décomposeur dans laquelle on supprime tous les diaphragmes en superposant les électrodes par séries l'une au-dessus de l'autre; on détermine ainsi un espace électrolytiquement inactif au-dessus et au-dessous de chaque électrode, une des électrodes de la série inférieure étant toujours située directement au-dessous de l'espace libre entre deux électrodes de la série supérieure et inversement.

Les espaces situés entre les électrodes de même nom sont remplis avec une matière isolante, chimiquement inactive, de telle sorte que la liqueur ne puisse baigner latéralement les électrodes que sur l'épaisseur de couche nécessaire.

Comme cette disposition présente certaines particularités, nous la représenterons par les figures 14 et 15. a, représente les électrodes inférieurs, reliées ensemble sous forme d'un peigne, elles déterminent ainsi en même temps un compartiment électrique et elles sont séparées entre elles par les bandes isolantes b disposées de manière à permettre encore l'écoulement de la liqueur, mais à empêcher qu'une action électrolytique ne se produise entre les électrodes c suspendues au-dessus de ces bandes et les points d'assemblage des électrodes inférieures.

Les électrodes supérieures c, reposent à l'aide des portées d, sur les supports e qui permettent d'assurer leur orientation, elles

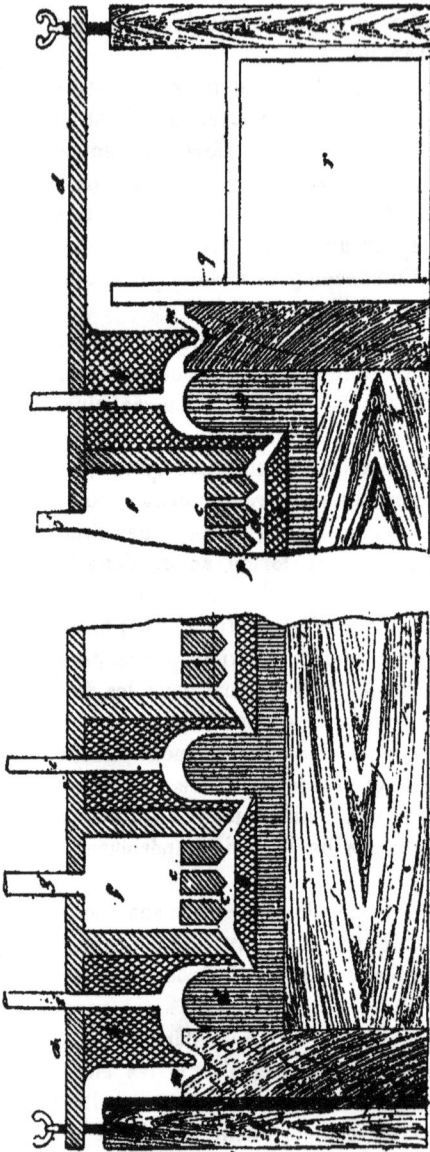

Fig. 14.

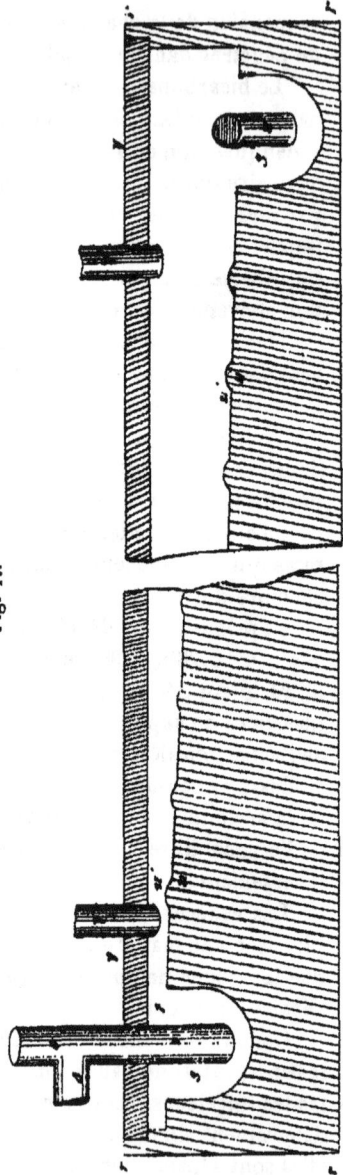

Fig. 15.

consistent en baguettes isolées dont les intervalles *c'* communiquent avec un compartiment commun *f*, qui porte en *g* des ouvertures de dégagement à l'extérieur. La couche isolante *h*, entre les électrodes supérieures et au-dessus des électrodes inférieures *a* est également pourvue d'ouvertures de dégagement vers l'extérieur (*i*).

Les électrodes *a* et leurs pièces isolantes *b* reposent dans un cadre dans lequel est pratiquée une rigole circulaire *l*. Cette rigole est remplie d'eau et détermine la fermeture hydraulique du compartiment supérieur des électrodes *c*, *f*, *h*, qui est supporté par le cadre *m*.

Les électrodes *a* sont disposées de façon à être parcourues dans tous les sens par la liqueur à électrolyser qui finalement est obligée de s'écouler en baignant la pièce isolante *b*, jusqu'à la hauteur indiquée par la ligne ponctuée *p-q*. L'hydrogène qui se forme à la cathode, lorsqu'on fait passer le courant, est éliminé par *i*, le chlore dégagé à l'anode *c* se rassemble dans la chambre *f* et est éliminé par *g*, de préférence à l'aide d'un aspirateur, de cette manière, comme on le voit dans la figure, le chlore n'a à traverser qu'une très faible couche de liquide, ce qui diminue fortement son absorption.

Les saillies *h'* de la masse isolante s'opposent, même en l'absence d'un diaphragme, au mélange du gaz dégagé en *a* et en *c*, toutefois, malgré la disposition indiquée, il se produit toujours une légère combinaison du chlore avec l'alcali caustique, ce qui occasionne une perte de produit et une plus forte consommation d'électricité, par suite de la polarisation.

Pour obvier à cet inconvénient, on dispose sur le côté de l'électrolyseur, un appareil *r*, dont la figure 15 représente une coupe perpendiculaire au plan du papier. La liqueur électrolysée s'écoule à travers le tube *o* dans le tube de niveau *o'*, ouvert à ses deux extrémités ; de là, elle tombe dans la cuve *s*, au sortir de laquelle elle s'écoule par la surverse en *t*, par dessus le plan incliné *u*, et se rend dans la cuve *s'*, puis, par le tube *n'*, dans l'électrolyseur voisin (au sortir de ce dernier, elle est dirigée sur le lieu de consommation).

Le plan incliné *u* est coupé par des nervures transversales *u'*, qui déterminent un remous dans la liqueur et la mélangent parfaitement.

L'appareil est fermé à sa partie supérieure par le couvercle *v*, traversé par les tubulures *v'* et *v''* qui servent à l'introduction de l'acide carbonique, on évite les fuites à l'aide des fermetures hydrauliques *s* et *s'*.

L'acide carbonique transforme l'alcali en carbonate et décompose l'hypochlorite, en mettant en liberté de l'acide hypochloreux. La décomposition du chlorure se continue dans l'électrolyseur voisin, tandis que l'acide hypochloreux mis en liberté se combine à l'état d'hypochlorite avec l'alcali nouvellement formé. La liqueur qui s'écoule du dernier appareil est traitée par une plus forte proportion d'acide carbonique afin de précipiter l'alcali. On y rétablit la teneur primitive en sel et on la soumet de nouveau à l'électrolyse.

Lorsqu'on veut produire une liqueur de blanchiment, le chlore n'est plus aspiré, on favorise ainsi la formation de l'hypochlorite qui, traité ensuite par l'acide carbonique, fournira abondamment de l'acide hypochloreux, la liqueur qui a servi au blanchiment fait retour dans l'électrolyseur, et l'acide hypochloreux sera de nouveau régénéré dans le bain.

Craney (brev. angl., n° 9.979, 1894), décrit également un appareil pour l'électrolyse d'une solution saline, avec introduction d'acide carbonique.

Spilker et Loewe (brev. all., n° 47.592), se proposent d'obtenir de l'alcali « presque complètement exempt de chlore », et du chlore libre, en augmentant continuellement la proportion d'alcali dans le compartiment de la cathode constitué par un récipient en fer et en

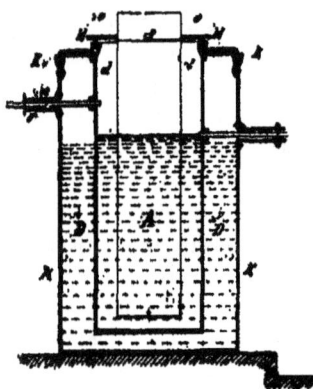

Fig. 16.

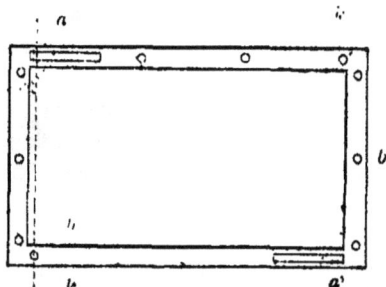

Fig. 17.

maintenant l'alcalinité de la liqueur, par une addition de chaux ou de magnésie, dans le compartiment de l'anode, formé d'un vase poreux en terre réfractaire, placé au milieu de la cuve.

Un peu plus tard les mêmes auteurs ont breveté (en collaboration avec **Knœfler,** n° 49,657) l'appareil suivant : Les électrodes négatives sont des récipients en fer plombé K (fig. 16) dans lesquelles on suspend des cellules poreuses D renfermant les anodes A. La tubulure de trop plein r permet de disperser les bains en étage ; elle est traversée par le tube de verre u dont l'extrémité pénètre dans le compartiment de l'anode.

Les joints hydrauliques en k et d déterminent une fermeture étanche pour les gaz, dans la partie supérieure des cellules. L'anode A fait saillie à travers le couvercle o, dans lequel elle est hermétiquement mastiquée, d'une longueur suffisante pour que sa communication avec le conducteur puisse être établie extérieurement.

Plus tard encore **Spilker et Lœwe** (brev. n° 55.172) ont trouvé qu'il était préférable que seul le compartiment de l'anode contienne de la soude caustique, tandis que le compartiment de la cathode doit renfermer une solution « neutre ou faiblement acide », ce que l'on réalise de préférence avec l'acide carbonique.

Par conséquent, si le compartiment de l'anode renferme du chlorure de sodium et le compartiment de la cathode du carbonate de soude, la décomposition a lieu d'après l'équation suivante :

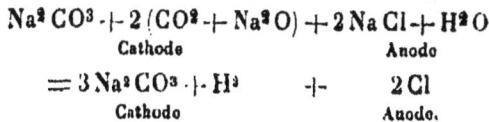

$$Na^2 CO^3 + 2(CO^2 + Na^2 O) + 2 NaCl + H^2O$$

Cathode   Anode

$$= 3 Na^2 CO^3 + H^3 \quad + \quad 2 Cl$$

Cathode   Anode.

Il en résulte que le compartiment de l'anode perd son sodium par osmose, avec dégagement de chlore, le sodium, en présence du sesquicarbonate de soude, formera du carbonate neutre dans le compartiment de la cathode et il se dégagera de l'hydrogène. Au début de la décomposition le compartiment de l'anode diminue de volume, celui du compartiment de la cathode augmente.

Pour un rapport de concentration déterminé, notamment lorsque la concentration du carbonate est avec celle du chlorure dans le rapport des équivalents, la concentration en carbonate dans la liqueur de la cathode n'augmente plus pendant l'électrolyse. Cette augmentation ne porte que sur son volume et est en rapport avec l'intensité du courant : il en est par exemple ainsi lorsque la concentration de la solution du compartiment de l'anode atteint 15.5 p. 100 $Na^2 CO^3$ et celle de la solution de l'anode 18 p. 100 NaCl.

Industriellement on réalise cette disposition en disposant en étages un certain nombre de bains, on relie dans ce cas les anodes avec les compartiments d'anodes et les cathodes avec les compartiments de cathodes. On dirige continuellement un courant d'acide carbonique dans le compartiment de la cathode du bain supérieur et l'on introduit, par continu, une solution de chlorure dans le compartiment de l'anode, tandis que la solution finale de carbonate de soude s'écoule du bain inférieur ; elle est traitée pour cristaux de soude ; le chlore se dégage du compartiment de la cathode.

Le brevet n° 47.592 a reçu plus tard les développements suivants par l'**Union des produits chimiques de Leopoldshall** (n° 64.671) :

Lorsqu'on emploie à l'anode une solution de chlorure de potassium, alcalinisée, par addition d'oxydes alcalino-terreux, et à la cathode une solution de potasse caustique, les diaphragmes en papier parchemin sont rapidement détériorés sous l'influence de l'hypochlorite. Mais si, à côté du chlorure de potassium, on addi-

tionne la liqueur de l'anode d'environ 2 p. 100 de chlorure de calcium ou de chlorure de magnésium, il se dépose rapidement et
régulièrement sur le papier parchemin une croûte fortement adhérente composée de chaux ou de magnésie et de chlorures, soit d'un
oxychlorure de calcium, *qui empêche l'action destructrice de l'hypochlorite de se produire. Lorsque l'épaisseur de cette couche a
atteint huit millimètres, on diminue d'environ 20 p. 100 l'addition
de chaux à la liqueur de l'anode, l'épaisseur de la couche reste alors
constante, elle forme un nouveau diaphragme poreux qui augmente
fort peu la résistance.*

Les cellules sont construites de la manière suivante : des cadres
en fer de un millimètre d'épaisseur (fig. 17), avec les évidements
a k b, délimitent un compartiment de cathode. On pose sur ces
cadres des tôles perforées, ayant les mêmes évidements, de manière
à recouvrir les surfaces libres des cadres, on intercale ensuite une
ou plusieurs feuilles de papier parchemin, puis on place un cadre
d'anode, entaillé de la même manière, ouvert à sa partie supérieure .
et ayant une épaisseur de 6 millimètres, puis successivement de
nouveau du papier parchemin, une tôle perforée, un cadre de
cathode, une tôle perforée, etc. Les ouvertures *b* sont traversées par
des tiges de fer filetées pour le serrage du système.

Les ouvertures *a k* déterminent quatre canaux pour l'entrée et la
sortie des liqueurs de l'anode et de la cathode. Les tôles perforées
servent de cathodes, les cadres sur lesquels elle se trouvent pressées
servent aussi à conduire le courant, de telle sorte que tout l'appareil *se compose de chambres de cathodes fermées et de cellules
d'anodes ouvertes à leur partie supérieure.*

On pose les anodes dans ces ouvertures et lorsqu'il doit se produire en cet endroit un dégagement gazeux (dans ce cas du chlore),
on les mastique hermétiquement. La perforation des tôles a pour
but de déterminer la circulation de la liqueur et de laisser dégager
le chlore.

Fitzgerald (brev. angl., nᵒ 9.799, 1892), propose également
d'ajouter à l'électrolyte, dans le compartiment de l'anode, une certaine proportion d'un oxyde basique insoluble, tel que la chaux (à la
rigueur de la magnésie ou du zinc), dans le but de combiner le
chlore et de faciliter l'emploi du « Lithanode » pour l'anode (voir
chapitre VII).

Parker et Robinson (brev. angl., nᵒ 14.199, 1888), veulent
supprimer l'emploi de cellules poreuses ou de cloisons intermé-
diaires. On dirige dans la liqueur, pendant l'électrolyse, de l'acide
carbonique sous pression. L'hypochlorite, qui a pris naissance au
début de l'opération, se décompose avec formation de carbonate

alcalin et dégagement de chlore qui peut facilement être séparé de l'acide carbonique (?)

Toutefois, un brevet ultérieur de **Parker** (n° 23.733, 1892) concerne encore l'emploi des diaphragmes poreux. L'électrolyte doit être chauffé, pour empêcher l'absorption du chlore, on introdui 'acide carbonique sous forme de bicarbonate, dans le compartiment de la cathode. On prépare les anodes en mélangeant de l'anthracite (ou du coke d'anthracite), avec du graphite et du fer, et en comprimant le mélange à chaud ou à froid ; dans le premier cas on moule dans le graphite afin d'en déposer une pellicule sur la surface des électrodes.

Kellner (brev. angl. n° 20.713, 1891, *Monit. scient. quesnov.*, 1892, brev., page 215), décrit l'appareil suivant : une solution saturée et chaude de sel marin, circule rapidement, en deux courants

Fig. 18.

séparés, à travers un électrolyseur. L'un de ces courants, qui coule contre l'anode, est additionné d'une faible proportion d'acide sulfurique ou de sulfate de soude, au sortir de l'appareil il est dirigé à

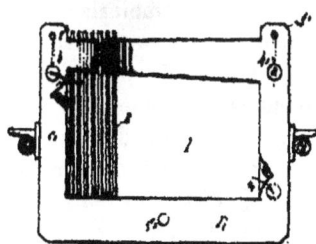

Fig. 19.

travers un récipient rempli de chlorure de sodium solide au contact duquel la solution se sature à nouveau, avant de retourner à l'anode. L'autre courant qui coule contre la cathode est au sortir de l'appareil, soumis simultanément à un refroidissement, au contact avec du sel solide, et à l'action de l'acide carbonique : la soude se trouve ainsi transformée en carbonate et précipitée, la solution fait ensuite retour dans les cellules de cathodes. L'électrolyse s'opère dans une série de cadres R (fig. 18 et 19), qui contiennent les électrodes et qui sont séparés entre eux par des diaphragmes, ils sont munis dans leur partie supérieure, de canaux *gg*, qui, au moyen des conduits *hh'*, sont mis en communication avec les canaux *o*... et *a* à travers lesquels circule l'électrolyte, les gaz qui ont pris naissance peuvent se dégager séparément par *g* et *g*.

Les diaphragmes D sont formés d'un tissu imperméable ou sont en *terre réfractaire poreuse* dont on remplit les pores avec une substance gélatineuse à laquelle on a mélangé un peu de chlorure de sodium. Cette opération a pour but de s'opposer à l'inconvénient d'une diffusion mécanique d'une cellule dans une autre et, par conséquent, de favoriser la circulation des ions. Les électrodes sont formées d'un mélange de charbon des cornues pulvérisé avec une solution épaisse de cellulose dans du chlorure de zinc. Ce mélange est malaxé de manière à former une pâte, coulé dans des moules, lavé et chauffé dans un four à moufle, puis on le plonge dans un hydrocarbure (huile minérale) et on le recuit à plusieurs reprises. On peut aussi employer des électrodes dont les pores sont garnis avec du peroxyde de plomb, à cet effet on recouvre les électrodes d'un mélange de litharge et de sulfate d'ammoniaque, ou bien on les fait bouillir dans une solution saturée d'acétate de plomb; le plomb est ensuite transformé en peroxyde par l'électrolyse.

L'appareil de **Kolb** et **Lambert** (brev. angl., nᵒ 1342, 1895) présente une disposition analogue à celle des filtres-presses, semblable à celle décrite plus haut.

Hermite et Dubosc (brev. all. nᵒ 66.089) admettant par erreur que la décomposition du sel nécessite l'emploi d'une force moléculaire plus considérable que celle exigée pour la décomposition de la soude, se proposent d'engager, dès sa formation, l'oxyde sodique qui a pris naissance dans une combinaison sodique dont la chaleur de formation est supérieure à celle de Na Cl, car, dans ce cas, la force électro-motrice restant constante, cette nouvelle combinaison ne sera plus influencée par le courant, l'électrolyte ne sera plus constitué que par du chlorure de sodium. A cet effet ils prescrivent d'ajouter au bain de l'alumine gélatineuse qui se combine instantanément à la soude sous forme d'aluminate que l'on décompose ensuite par l'acide carbonique, l'alumine mise en liberté sert de nouveau pour le même but. (*Monit. scient. quesn.*, 1893, brev. 53.)

Parker et Robinson (brev. angl. nᵒ 4.920, 1893) veulent soustraire à l'action ultérieure du courant la soude formée par l'électrolyse en la combinant sous forme de savon, afin de supprimer tout obstacle à l'action du courant. Dans ce but, ils ajoutent un acide gras (acide oléique ou acide stéarique) ou bien un corps gras neutre, le savon formé monte à la surface de l'électrolyte par suite de son faible poids spécifique, il est employé soit tel quel, ou bien décomposé par l'acide carbonique en soude et acide gras.

Ainsi qu'il résulte d'une très intéressante notice publiée par Hargreaves dans *Jour. Soc. Chem. Ind.*, 1895, page 1011, le procédé breveté par cet inventeur et Bird (décrit précédemment, page 58), n'a pratiquement pour objet que la transformation de la soude caustique en carbonate (question étudiée dans le présent chapitre) en vue d'éviter les réactions secondaires. Hargreaves estime que dans l'électrolyse du sel marin, il est plus avantageux de produire du carbonate de soude que de la soude caustique (ce qui provisoirement, ne paraît pas démontré). Le point caractéristique de son procédé réside dans l'absence complète d'une chambre cathodique proprement dite, l'alcali formé au côté cathode du diaphragme étant immédiatement enlevé par lavage et carbonaté. De toute manière, ce procédé est de ceux qui méritent la plus grande attention. Il devait être installé en grand dans le courant de l'année 1896.

CHAPITRE III

III. — Electrolyse avec séparation du métal alcalin par l'emploi de cathodes de mercure.

Un groupe particulier de procédés électrolytiques pour la fabrication de la soude et du chlore qui ont pris, dans ces dernières années, une très grande importance, est basé sur ce principe que la réaction secondaire $Na + H^2O = NaOH + H$ ne doit pas s'opérer à la cathode elle-même, le sodium formé devant être préservé de l'action de l'eau, dès sa mise en liberté, par absorption dans du mercure (tour de main qui avait déjà été employé par Davy pour la préparation des métaux alcalins) ; l'amalgame de sodium est ensuite décomposé en dehors de l'électrolyseur. On évite de cette manière la production de lessives de soude très chargées en sel.

Rolf, dans son brevet anglais n° 4.349, 1882, a décrit l'électrolyse du chlorure de sodium, avec emploi d'une cathode de mercure qui doit absorber le sodium, mais ce brevet ne conférait que la « protection provisoire ».

Plus tard **Hermite**, dans son brevet anglais n° 3.957, 1888, a préconisé l'emploi d'une cathode de mercure ; son but n'était pas encore l'obtention du chlore libre, mais seulement le blanchiment de la toile et des matières textiles. Il opère l'électrolyse dans une cuve au fond de laquelle se trouve une couche de mercure reliée avec le pôle négatif d'un conducteur, tandis que le courant positif

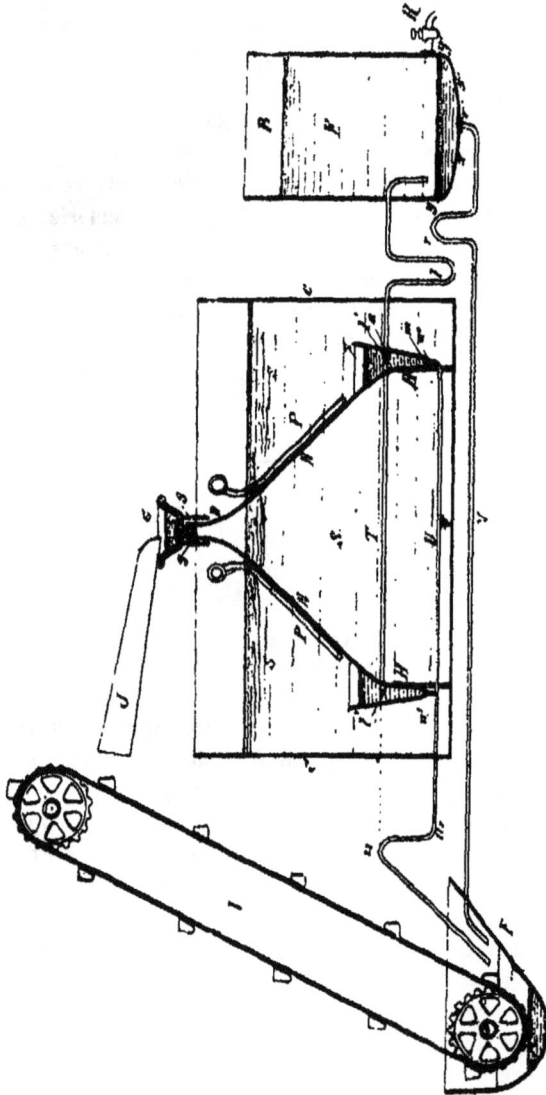

Fig. 20

est amené par des électrodes en platine ou en charbon. Les électrolytes sont des chlorures alcalins ou alcalino-terreux (ou bien encore, d'après le brevet n° 3.956, 1888, des sulfates ou des alcalis caustiques; dans ce dernier cas de l'oxygène se dégage à l'anode.) Le métal alcalin qui se sépare à la cathode est absorbé par le mercure et décomposé par l'eau, après interruption du courant ou établissement d'un court circuit. Il est visible que, sous cette forme, le procédé était complètement inapplicable.

D'après un brevet ultérieur de **Hermite et Dubosc** (brev. all. n° 67.851), ces inventeurs travaillent également sans cloison poreuse et emploient une cathode mobile de mercure.

Celle-ci absorbe le sodium (ou le potassium) sous forme d'amalgames qui est immédiatement soustrait à l'action décomposante de l'eau par le sulfure de carbone, il se trouve ensuite décomposé par l'eau, en soude caustique et mercure, dans un récipient spécial (*Monit. scient. Quesn.* 1892, brev. 218).

L'appareil employé par ces auteurs est représenté figure 20. La solution de chlorure alcalin est introduite dans le réservoir C qui porte en son milieu une cathode conique NN en cuivre amalgamé sur laquelle on fait couler, en filet mince, du mercure provenant du réservoir G; PP sont les anodes formés par deux plaques parallèles en platine. La teneur de l'amalgame en métal alcalin dépend de l'intensité du courant et de la vitesse de l'écoulement, cet amalgame se rassemble dans la rigole HH d'où il est dirigé par le tube *u* dans le réservoir extérieur F', un tube de trop plein *t* fixé sur le côté de la rigole HH maintient constant le niveau de l'amalgame qu'une couche de sulfure de carbone surnageante préserve du contact avec la solution aqueuse.

Lorsqu'on fait agir le courant et en même temps couler le mercure, l'amalgame arrive dans HH où il se produit une sorte de liquation: l'amalgame, plus léger, monte toujours à la surface et s'écoule par *t* dans le récipient E rempli d'eau, le tube *t* est disposé de telle façon que seul l'amalgame puisse s'en écouler.

Le mercure qui n'a pas été transformé en amalgame, tombe au fond de HH et pénètre par *u* en F; ce réservoir reçoit également par le tube V le mercure résultant de la décomposition de l'amalgame par l'eau, en E. Le mercure est ensuite puisé en F par une chaîne à godets et de nouveau élevé en G.

Atkins et Applegarth (brev. all.; n° 64,409, *Monit. scient.*, *Quesn.*, 1892, brev. 196) proposent de faire couler continuellement du mercure sur la cathode et opèrent de la manière suivante: un cylindre métallique amalgamé A (fig. 21) est muni, à sa partie inférieure, d'un tube d'écoulement B qui se termine par un robinet ou un siphon B'. A est élargi à sa partie supérieure et reçoit l'extrémité inférieure d'un deuxième cylindre D; toutefois, il règne entre les deux cylindres un étroit espace annulaire par lequel le mercure, pénétrant par le tube E, arrive sur la paroi intérieure amalgamée de A, descend avec une certaine lenteur vers le bas, puis s'écoule par B. A constitue, avec le conducteur électrique A', une chambre de cathode et est rempli d'une dissolution de sel ; dans le milieu de cette chambre se touve l'anode en charbon F, entourée par le manchon G fermé à son extrémité inférieure ; ce manchon est formé d'un tissu serré de chanvre que l'on imprègne de silicate de soude pour en augmenter la durée. L'anode est reliée à la dynamo par le conducteur F'. Elle est constituée par un tube H entouré d'anneaux de charbon. La solution de chlorure de sodium est dirigée par H dans le fond de G ; au fur et à mesure qu'elle s'élève, elle est électrolysée autour de la surface extérieure de F. La plus grande partie du sodium passe à la cathode A en traversant les parois latérales du manchon ; la solution qui reste s'échappe, à la partie supérieure, par I avec le gaz chlore ; elle peut, après enrichissement en sel, faire retour à l'électrolyse. La solution de soude caustique contenue dans le cylindre A peut être évacuée avec l'hydrogène par le tube J ; en même temps on introduit de l'eau par K, à l'extrémité opposée du cylindre, pour remplacer la lessive de soude caustique soutirée. A la place du manchon en toile de chanvre, on peut aussi employer un diaphragme ordinaire en matière poreuse. La vitesse d'écoulement du mercure

Fig. 21.

peut être ralentie à l'aide de nervures pratiquées sur la surface de la cathode. Le même brevet décrit encore d'autres dispositions permettant de faire écouler le mercure en couche mince sur la cathode.

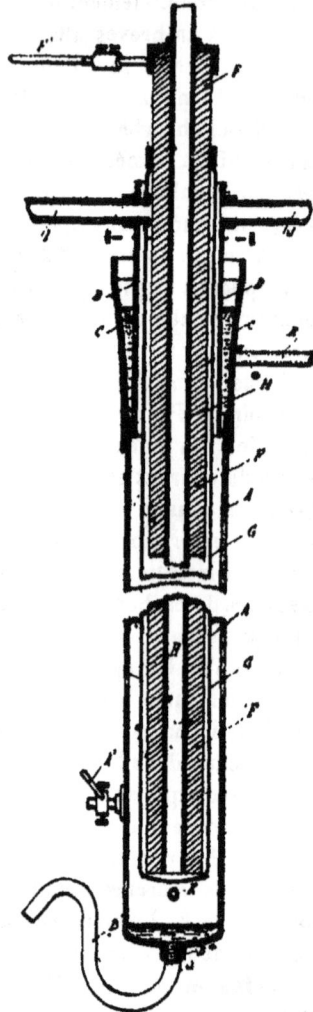

Greenwood (brev. angl.; n° 5.999, 1891) produit l'amalgame de sodium dans l'appareil décrit dans son brevet antérieur (page 44), le mercure est dirigé dans le compartiment de la cathode à l'aide d'un tuyau de conduite.

Le plus important des procédés au mercure est le suivant:

Castner (brev. angl.; n° 16.046; brev. all.; n° 73.964) emploie une masse de mercure qui se déplace entre le compartiment de l'anode et celui de la cathode de telle sorte que le courant, partant de l'anode, doit traverser le mercure pour se rendre à la cathode; dans ce cas, le sodium séparé se combine immédiatement au mercure. Cette disposition a pour but d'éviter la polarisation et permet de réaliser l'électrolyse d'une manière continue, avec une grande densité de courant. Si on introduit en même temps de l'eau dans le compartiment de la cathode, on obtient une solution de soude caustique. Le mercure employé doit, dès l'origine, contenir un peu de sodium dans une proportion qu'il faut toujours maintenir constante. D'après le brevet anglais n° 10.584, 1893 (brev. all. n° 77.064), ce procédé fonctionne automatiquement lorsqu'on communique mécaniquement un léger mouvement oscillatoire à la cellule divisée en deux compartiments, de telle sorte que le mercure pénètre alternativement, tantôt dans un premier compartiment, dans lequel il absorbera le sodium pour le fixer à l'état d'amalgame, tantôt dans un deuxième compartiment, dans lequel il abandonnera ce métal sous forme de $NaOH$.

La profondeur de la couche de mercure est de 1/8 de pouce = 3 millimètres). Il suffit, par conséquent, d'abaisser ou d'élever

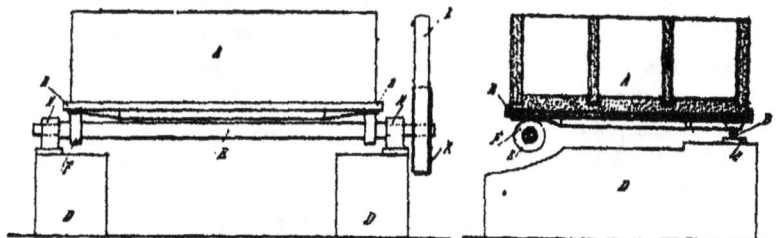

Fig. 22. Fig. 23.

alternativement de 3 millimètres, au-desous et au-dessus de l'horizontale, l'extrémité antérieure de la cellule. Cette disposition est indiquée par les figures 22 et 23. A est le récipient dans lequel s'opère la décomposition, il est divisé en trois compartiments, son extrémité postérieure est supportée par les coins mobiles B qui reposent sur les plaques métalliques C elles-mêmes supportées par le socle D.

L'extrémité antérieure de A vient appuyer sur les excentriques F adaptés sur l'arbre E. Ces excentriques viennent se loger contre une plaque métallique H, et par suite contre le fond de la cellule. L'arbre E est maintenu dans les coussinets NN et reçoit le mouvement par K L.

Le *Chemical Trade Journal*, 1894, 15,211, a publié les données suivantes sur le procédé de Castner, elles émanent de l'auteur lui-même : La recombinaison des produits séparés à l'état d'hypochlorite est absolument évitée, il en résulte que les anodes en charbon se conservent fort bien, l'emploi d'un diaphragme poreux est supprimé et la solution de soude caustique est absolument pure et exempte de sel. L'usine d'Oldbury comprend 30 cellules disposées en deux séries parallèles de 15 cellules chacune. Le courant est fourni par une dynamo Crompton, de 60 V et 1100 A, sur lesquels 550 A sont conduits à chacune des deux séries de cellules. Sur chaque série de 15 cellules, il y en a toujours 14 en activité et une en réserve en cas d'accident.

A l'époque (fin septembre 1895), l'installation était en marche depuis le 14 août, les résultats obtenus pendant une semaine (18-24 septembre) avec l'une des séries, établis à l'aide de rigoureuses dispositions de contrôle, sont indiqués en grands détails et donnent, en moyenne journalière une consommation de 571 A avec 55,1 V et un rendement correspondant de 3080 livres de lessive de soude caustique de 1,204 d $=$ 560,1 livres NaOH, soit 88,5 p. 100 d'effet utile. Le rendement journalier de chacune des cellules a été, par conséquent, de 40 livres ($=$ 18,12 kilog.) NaOH, avec une consommation de 3,01 chevaux électriques ou 3,55 chevaux indiqués, la totalité des cellules peut donc fournir 1120 livres ($=$ 507 kilog.) de soude caustique et 930 livres ($=$ 42 kilog.) de chlore.

Une analyse de la soude caustique obtenue, a donné : 97,58 p. 100 NaOH; 2,37 p. 100 Na^{2}CO^3; 0,05 p. 100 NaCl $=$ 78,30 p. 100 « Liverpool test ».

Il faut, toutefois, considérer que ces données ne se rapportent qu'à une très courte période, et qu'il n'est pas fait mention des pertes en mercure, etc.

D'après des communications privées, dignes de toute confiance, le procédé Castner paraît fonctionner fort bien et travailler avec une tension de 4 V seulement, il fournit une solution de soude caustique à 20 p. 100 presque absolument pure.

L'*Engineering and Mining Journal*, sept. 22, 1894, p. 270, publie de nouvelles données émanant de Castner lui-même. Les cellules sont divisées en trois compartiments, les deux compartiments des extrémités renferment la dissolution de sel et les anodes en charbon, la solution de soude caustique et la cathode en fer se trouvent dans le compartiment moyen. La solution de sel circule continuellement à travers les deux compartiments extérieurs, elle est ensuite dirigée dans des récipients dans laquelle elle est saturée à nouveau avec du sel frais, pour remplacer le sel décomposé par l'électrolyse.

Le chlore formé se dégage de chaque cellule dans une grosse conduite générale, tandis que l'amalgame de sodium, par suite du mouvement oscillatoire des cellules, se déverse dans le compartiment moyen dans lequel il fonctionne maintenant comme anode, le courant se dirigeant vers la cathode; le sodium entre en solution à l'état de soude caustique. L'électrolyse est favorisée par l'énergie emmagasinée dans le sodium. Toutes les heures, on introduit une certaine quantité d'eau dans le compartiment moyen, on détermine ainsi l'écoulement d'un volume équivalent de lessive de soude dans un tuyau au collecteur relié à toutes les cellules. Celles-ci sont par conséquent en relation avec quatre conduites générales : pour l'alimentation, avec une solution saturée de sel, pour l'écoulement de la solution électrolysée dans les saturateurs, pour le chlore et pour le soutirage de la lessive de soude caustique. Les cellules sont disposées en série, chacune d'elle pouvant à volonté en être retirée ou remise en place.

L'élévation du rendement électrique qui atteint 88-90 p. 100, peut s'expliquer par cette considération que, dès sa formation le sodium est éliminé du mercure par l'électrolyse, de telle sorte que la masse de mercure en circulation renferme rarement plus de 0,02 p. 100 Na. Il ne se forme pas d'hypochlorite, et par suite l'usure des charbons de l'anode, obtenus du reste par un procédé spécial, est presque insignifiante. Ce procédé permet même l'emploi du charbon comprimé ordinaire, au lieu du « graphite des cornues ». La faible tension de décomposition (4 V pour 55o A), s'explique par ce fait, que le sodium ne s'accumule pas dans le mercure, et par le très grand rapprochement des électrodes, qui sont presque en contact.

Chaque cellule, mesurant six pieds de longueur, trois pieds de largeur et six pouces de profondeur, décompose journellement 56,5 livres de sel, elle produit 38,5 livres soude caustique et 34,5 livres chlore par vingt-quatre heures, avec une consommation de 3,5 chevaux indiqués. La solution de soude caustique renferme 20 p. 100 NaOH et fournit, par évaporation directe, une soude caustique à 99,5 p. 100.

Le gaz chlore renferme 95-97 p. 100 Cl et 3 à 5 p. 100 d'hydrogène. Le fonctionnement des cellules est automatique et n'exige presque pas de surveillance, leur construction est si simple que deux hommes, en moins de deux heures, peuvent retirer une cellule de la série, la nettoyer, la démonter, la remonter et la remettre en place. L'effet utile étant de 88 p. 100, il en résulte les données numériques suivantes :

Chaque cellule décompose par heure	. . . . .	1058 gr. sel.
— — produit —	. . . .	724 gr. soude caust.
— — — —	. . . .	642 gr. chlore.
— — décompose journellement	. . .	56,5 liv. sel.
— — produit —	. .	38,5 liv. soude caust.
— — — —	. . .	34,25 liv. chlore.
Consommation réelle de chevaux électriques par cellule		3
Consommation de chevaux indiqués		3,5
Sel décomposé par ampère heures		1,92 gr.
— — watt-heure		0,48 —
— — cheval-heure indiqué . . .		295 —
Soude produite par cheval-heure indiqué . . .		209 —
Chlore produit par cheval heure indiqué		183 —
Sel décomposé par cheval indiqué et par 24 h.		16,00 liv.
Soude caustique produite — —		11,00 —
Chlore produit — —		9,80 —

Le trente-unième « *Alkali Report* », pour 1894, page 66, décrit ce procédé sans plus de détails que ceux donnés ci-dessus. L'inventeur affirme que la perte annuelle en mercure s'élève à 5 p. 100 seulement.

Sinding-Larsen (brev. angl. n° 13.499, 1894) décrit un appareil consistant en un grand récipient dont le fond est recouvert d'une couche de mercure servant de cathode et dans lequel on suspend une cloche qui renferme les anodes en charbon et est munie d'un tuyau de dégagement pour le chlore.

Lorsqu'on veut retirer tel quel l'amalgame de sodium qui se forme à la cathode, on recouvre le mercure à l'extérieur de la cloche, d'une couche de pétrole. La dissolution de sel arrive audessous de la cloche, dans le centre du compartiment de la cathode, par un tube qui pénètre jusqu'à la surface supérieure du mercure, la dissolution se déverse à la partie supérieure sur les côtés de la cloche.

Un autre brevet anglais (n° 14.910, 1894) mentionne que les parois qui sont en contact avec le mercure sont amalgamées afin que le liquide ne puisse se frayer un passage entre le mercure et les parois et que l'on communique aux anodes un mouvement de rotation, afin d'empêcher l'adhérence des bulles de gaz sur leur côté actif (voyez aussi le brevet américain du même inventeur, n° 525.555

dans *Zeitschr, f. Elektrotechn., u. Elektrochemie*, 1894, p. 430
et 483, et les brevets allemands nᵒˢ 78.906, 83.529 et 89.254 ; voir
aussi *Moniteur scientifique*, 1895, brevets, page 75 et 1896, brevets,
livraison de janvier, page 6).

Kellner (brev. all., nᵒ 70.007, brev. angl. nᵒ 17.169, 1892), fait
consister la cathode en une mince couche verticale de mercure,
séparée du compartiment de l'anode contenant l'électrolyte par des

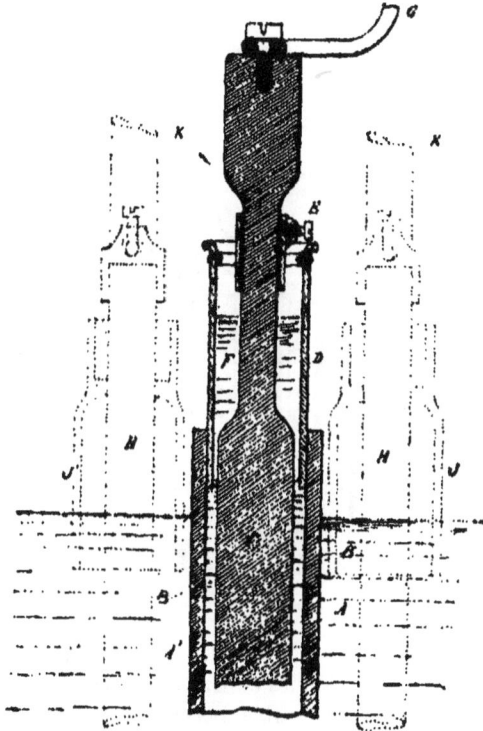

Fig. 24.

cloisons de séparation conductrices du courant ; pendant l'électrolyse
on fait couler de l'eau sur la couche de mercure, les gaz produits se
dégagent du compartiment de l'anode. Le mercure absorbe le sodium
et l'abandonne ensuite à l'eau avec formation de $NaOH$ et d'hydrogène. L'inventeur indique la disposition suivante comme suffisamment durable et applicable industriellement (fig. 24) : les cloisons
poreuses A, qui séparent le mercure du compartiment de l'anode et
le retiennent en même temps, peuvent être en argile poreuse, en
carton d'amiante imbibé de gélatine et posé sur une plaque d'ardoise

perforée ou bien encore consister en deux plaques d'ardoise perforées dont les ouvertures sont disposées alternativement, l'intervalle entre les plaques étant rempli d'une couche intermédiaire de verre, de coton de verre, d'amidon et de charbon. On les plonge préalablement dans une solution concentrée de soude ou dans de l'eau bouillante. Afin de réduire autant que possible l'emploi du mercure en B, on dispose une sorte de plongeur en fonte C qui a pour objet de répartir le mercure en couche de peu d'épaisseur et en même temps de maintenir le récipient décomposeur D à une hauteur déterminée. Ce récipient est formé d'un châssis, ouvert à ses deux extrémités, qui plonge dans le mercure jusqu'à un niveau déterminé par la position de la vis E et dans l'intérieur F duquel on introduit de l'eau.

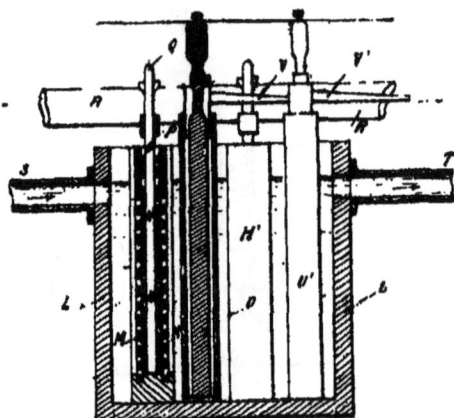

Fig. 25.

Le mercure est mis en relation avec la borne négative soit directement, soit par l'intermédiaire de C. Les anodes HH' sont formées d'une matière quelconque capable de résister aux actions chimiques, elles sont supportées par les châssis JJ' en forme de cloche et le gaz se dégage par KK'.

L'appareil employé dans la pratique industrielle est figuré en coupe (fig. 25) et en plan (fig. 26). L est un récipient en bois, étanche à l'eau, HH' sont les anodes, elles consistent en un cadre dans lequel on fixe les plaques en ardoise (porcelaine ou verre) MM' largement perforées, l'intervalle entre ces deux plaques est garni de charbon pulvérisé dans lequel on fait arriver le courant par les baguettes de charbon N, ces baguettes sont assujetties dans les cadres, en O, à l'aide d'un mastic d'asphalte et reliées en P avec le conducteur positif. La communication avec le courant est assurée à l'aide d'une bande de plomb qui relie ensemble toutes les baguettes de charbon :

la combinaison conductrice entre cette plaque et les baguettes étant
rapidement détériorée par l'action du chlore, on laisse entre O et P
une partie des baguettes de charbon exposée à l'air libre, afin d'empêcher le chlore humide de pénétrer entre le charbon et le plomb.

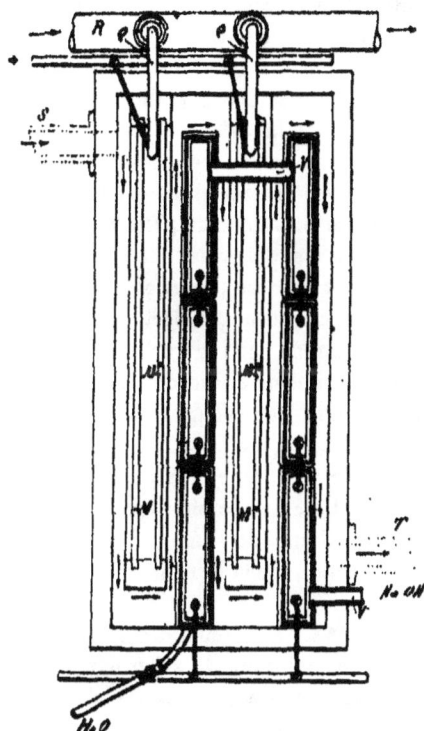

Fig. 26.

Chaque anode porte un tube de verre Q pour le dégagement du
chlore, ce tube communique avec la conduite principale R. L'électrolyte pénètre par S, parcourt, dans la direction des flèches, les
détours entre les anodes et les cathodes et sort de l'appareil en T
pour se rendre, le cas échéant, dans un deuxième électrolyseur. U
représente la cathode décrite, V la jonction du récipient décomposeur avec la cathode voisine. Les cloisons de séparation sont constituées par des cellules en terre réfractaire.

Le sodium, mis en liberté à la cathode, forme avec l'eau qui
surnage le mercure une lessive de soude caustique que l'on dirige
par V dans les cellules de décomposition de la série voisine des
cathodes U'; elle sort en V' sous forme de solution très concentrée,

presque chimiquement pure. Ce procédé permettrait d'obtenir des lessives caustiques contenant jusqu'à 57 p. 100 Na OH. Si l'on calfate hermétiquement les appareils décomposeurs et qu'on supprime l'introduction de l'eau, on pourra obtenir le potassium, le sodium, l'aluminium, etc., à l'état métallique.

Dans un autre brevet (brev. all.; n° 73.224, 80.212 et 80.300), Kellner propose d'utiliser la chaleur mise en liberté par les réactions secondaires de l'électrolyse pour diminuer la consommation d'énergie nécessaire pour la décomposition primaire. Dans ce but, il fait servir le mercure de la cathode d'une cellule de décomposition en qualité d'anode dans une autre cellule (identiquement comme Castner, page 82), avec intercalation d'une troisième électrode : la chaleur, transformée en électricité, fait retour dans la cellule de décomposition, ce qui vient diminuer la consommation en courant principal. La « cellule de décomposition » contient par suite une anode assortie et du mercure qui sert de cathode et remplit en même temps le rôle d'anode dans la « cellule de formation » où il se trouve opposé à une troisième électrode. Afin d'éviter la déperdition de travail calorifique qui se produirait par suite de la réaction de Na sur H^2O et d'annuler la polarisation produite par l'hydrogène dégagé dans cette réaction, on ajoute du nitrate de soude à l'eau contenue dans la « cellule de combinaison » et on obtient ainsi, à côté de la soude caustique, de l'ammoniaque qu'il sera facile de recueillir par évaporation de la liqueur (Voir Monit. scient., 1893, brev. page 294).

Le brevet anglais n° 13.722, 1893, décrit le même procédé de la manière suivante : une solution de sel marin est pompée dans un récipient fermé contenant des plaques de charbon ou de platine disposées horizontalement en séries et servant d'anodes; une couche de mercure, occupant le fond du réservoir, sert de cathode. Le chlore se dégage à la partie supérieure, l'amalgame de sodium se forme à la partie inférieure et s'écoule par le fond du récipient, déclive vers le centre, à travers un tube à entonnoir qui le conduit sur le fond incliné d'un deuxième récipient alimenté par une solution de nitrate de soude provenant d'un réservoir supérieur. Ce dernier fond incliné consiste en une tôle ondulée recouverte d'une toile métallique dorée, argentée ou platinée qui sert d'électrode; l'autre électrode est formée par l'amalgame. L'énergie développée par ce couple est utilisée dans la première cellule dans laquelle elle fait retour. L'amalgame de sodium décompose la solution de nitrate de soude avec formation de soude caustique et d'ammoniaque; le mercure, dépouillé de sodium, s'écoule par l'extrémité la plus basse du fond à travers un tube réfrigérant et est refoulé, par une pompe, dans le récipient décomposeur, à proximité de la périphérie et vers le milieu de la partie déclive du fond.

Dans son brevet anglais n° 24.274, 1893, Kellner décrit encore une disposition nouvelle : les électrodes plongent dans un récipient verni sur ses côtés et poreux dans sa partie inférieure ; le fond poreux est occupé par une couche de mercure de peu d'épaisseur, qui sert de cathode. Les anodes sont disposées, soit sur les côtés du récipient, soit dans sa partie inférieure ; dans ce cas des plaques de dérivation empêchent les gaz développés de pénétrer dans le fond poreux. On préserve ainsi le mercure d'un contact direct avec l'électrolyte et on évite des pertes.

Le brevet allemand n° 80212 de Kellner se rapporte encore à un appareil tout nouveau.

Dans son brevet allemand n° 85360, cet inventeur infatigable décrit un nouvel appareil dans lequel le mercure s'écoule sous forme d'une bande étroite dans des rigoles hélicoïdales disposées sur les deux côtés d'un cylindre en porcelaine ; il se charge alternativement de sodium au sein de la dissolution de sel électrolysée et l'abandonne ensuite en présence de l'eau, à l'état de soude caustique (voir aussi *Monit. scient.* 1894, brev. page 40, 1896, livraison de février, brev. page 20).

D'après *Zeitschr-f-Elektrotechnik u. Electrochemie* 1894-431, il existait à la fin de l'année 1894 à Hallein (district de Salzburg, Autriche), une petite fabrique d'essai installée d'après les procédés Kellner en vue de la production de la soude caustique et du chlorure de chaux et on avait commencé la construction d'une grande usine qui devait provisoirement utiliser 2.500 chevaux hydrauliques fournis par la Salzbach. On devait ensuite capter une autre force hydraulique de 5.000 chevaux près de Vorregaard (Sarpsberg), en Norwège, et l'utiliser dans le même but. Malheureusement, on n'indique pas lequel des nombreux procédés brevetés par Kellner devait être employé.

D'après un prospectus publié en octobre 1895 par les journaux anglais, il s'est constitué, sous la raison sociale « The Castner-Kelner Alcali Company » une société par actions qui a acquis de « l'Aluminium Company » les brevets Castner, et de « Solvay et Cie » les brevets Kellner ; elle se propose vraisemblablement d'exploiter principalement les premiers.

D'après ce prospectus, une fabrique d'essai fonctionne régulièrement à Oldbury depuis août 1894, elle utilise une force de 100 chevaux et a donné de fort bons résultats. Le rendement électrique est de 88-90 p. 100, on obtient une solution de soude caustique presque pure à 20 p. 100. On projette la construction d'une fabrique utilisant 4.000 chevaux qui devra produire journellement 18,5 tonnes de soude caustique et 40 tonnes de chlorure de chaux, on compte sur 340 jours de travail par an. Le prix de revient ne doit pas dépasser 4 liv. sterl. 5 sh. pour la soude à 77° et 3 liv. sterl. pour le chlorure de chaux, en y comprenant 6 sh. pour les cylindres en fer et 15 sh. pour les fûts à chlorure. (En dépit de ces données favorables, l'économie de ce procédé a été mise en doute, par exemple, dans *Chem. Trad. Journ.* 17-271.)

Vautin (brev. all. n° 73104, brev. angl. n° 2267, 1893) fait reposer la cathode de mercure B sur un treillis G formant le fond de la chambre D (fig. 27), les petites ouvertures dont ce treillis est perçé ne laissent pas filtrer le mercure,

mais lui permettent d'entrer directement en contact avec l'électrolyte, de telle sorte qu'il est inutile d'employer un diaphragme. A est l'anode. D est rempli, au-dessus du niveau de mercure, avec de l'eau en G. L'électrolyte est complètement isolé de D. La couche de mercure ne présentant qu'une faible adhérence sur les bords, en raison de la dépression capillaire, on fixe dans le fond de D, sur la paroi intérieure une bande de

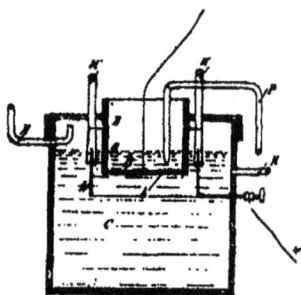

Fig. 27.

fer, plaquée d'amalgame de sodium, qui adhère fortement au mercure et s'oppose à une infiltration de l'électrolyte. Ou bien la chambre D elle-même est faite en métal que l'on recouvre d'une couche de matière isolante, à l'exception du bord inférieur. Le brevet décrit aussi d'autres dispositions de cellules dans lesquelles on emploie une couche de mercure disposée perpendiculairement ou obliquement. Dans tous les cas le sodium, déposé à la cathode de mercure, passe à travers cette cathode et se rassemble à la surface du mercure sous forme d'amalgame ; ou bien, si la cathode est recouverte d'eau, il est converti en une lessive de soude caustique qui est obtenue complètement séparée de l'électrolyte. (Vautin dit lui-même dans *Journ. soc. chim.* ind. 1194-441 « This method worked fairly weld » ; il décrit ensuite un autre procédé dans lequel on emploie le chlorure de sodium fondu. En langage d'inventeur, cette déclaration veut dire que le procédé n'était pratiquement pas réalisable.)

Le brevet anglais de **Drake** n° 7.085-1894, ne présente aucune nouveauté importante (voir *Monit. scient.* brev. 1875, page 75).

J. E. Richardson (brev. angl. n° 22.613), dans le but d'éliminer plus facilement les cations et l'hydrogène du mercure, le fait circuler dans une chambre spéciale où il se trouve relié, par un conducteur, avec une deuxième cathode, en présence du dissolvant qui convient pour les cations. Cette deuxième cathode est en contact avec de l'oxyde de cuivre qui détermine l'oxydation de l'hydrogène. Cette disposition favorise la dissolution des cations, le mercure fonctionne régulièrement comme agent transporteur des cations et comme l'élément finalement séparé est du cuivre et non de l'hydrogène, on évite la résistance occasionnée par le gaz et la polarisation ; il en résulte une économie dans la consommation d'énergie électrique.

Hulin (brev. all. n° 80.389) transforme, de la manière suivante, les alliages des métaux alcalins obtenus par l'électrolyse en alcalis. Les alliages sont introduits dans un récipient fermé, rempli d'hydrogène. On dispose dans la partie supérieure de ce récipient une capsule contenant de l'eau et on pratique une ouverture munie d'un robinet. On chauffe légèrement pour fondre l'alliage, ce qui occasionne aussi l'évaporation d'une petite quantité d'eau dans la capsule supérieure, la vapeur produite détermine la formation d'une petite quantité d'alcali caustique sur la surface de l'alliage. Cet alcali caustique réagit sur l'alliage à la surface duquel il a pris naissance ; l'eau d'hydratation se combine d'abord avec le métal alcalin pour former un oxyde, de l'hydrogène se dégage à travers l'alcali caustique fondu et détermine ainsi un mélange intime. Peu à peu la totalité du métal alcalin se trouve, de cette manière, tranquillement oxydée par l'intermédiaire de l'alcali caustique, sans que l'eau ou la vapeur d'eau agissent directement sur l'alliage et sans que le métal lourd puisse à son tour être oxydé. (Ce procédé convient sans doute spécialement pour le traitement de l'alliage de plomb et de sodium obtenu d'après le brevet n° 79.435 dont nous ferons mention plus loin ; toutefois, il peut aussi être appliqué au traitement des amalgames. *Monit. scient. Quesn.* 1895, brev. page 57.)

Stœrner (brev. angl. n° 10,445, 1895) maintient continuellement la cathode de mercure dans un mouvement d'oscillation ; toutefois, ce mouvement n'est pas assez violent pour déchirer la pellicule de la surface, ce qui occasionnerait l'oxydation de l'amalgame. Lorsque le métal de la cathode s'est suffisamment chargé d'amalgame, on le fait écouler et on en sépare le métal alcalin.

Le même inventeur a breveté (brev. angl. n° 24,837) un appareil mélangeur qui consiste en un disque perforé de trous ; ce disque reçoit alternativement des mouvements ascendant et descendant qui produisent le mélange de l'amalgame avec l'eau et l'extraction du sodium.

Hulin a breveté (brev. angl. n° 23.198, 1894) un procédé ayant pour objet de combiner la décomposition de l'alliage de plomb et de sodium, obtenu d'après le brevet n° 79425 cité au chapitre suivant, avec la production d'énergie électrique. L'alliage de plomb et de sodium est coulé en plaques d'électrodes en regard desquelles on dispose des plaques polaires en charbon. En présence de l'eau, il se produit de la soude caustique ; en même temps il se forme un élément galvanique. On évite la polarisation qui se produirait par suite du dégagement de l'hydrogène en ajoutant un nitrate alcalin. (Ce procédé est défectueux, car dans ce cas une grande partie de l'énergie développée doit être transformée en chaleur et non en électricité.)

Le courant électrique qui a pris naissance dans ces conditions est dirigé dans une deuxième batterie d'éléments constituée d'une part par des plaques en charbon, de l'autre par les plaques spongieuses de plomb formées dans la première batterie ; le plomb se trouve ainsi transformé en peroxyde et les plaques jouent alors le rôle d'électrodes accumulatrices (voir *Monit. scient.* 1896, livraison de février, brev. page 19).

Rosenbaum (brev. amér. ; n° 546.348) emploie une cuve circulaire, mobile autour de son axe vertical et recouverte d'une cloche annulaire qui ne participe pas au mouvement de rotation de la cuve et qui est fermée, à sa partie inférieure, par le mercure occupant le fond de la cuve mobile. Des cloisons verticales divisent la cloche en plusieurs compartiments dont les uns servent de « chambre à chlore » et sont munis d'anodes en charbon, tandis que les autres constituent des « chambres d'hydratation » et contiennent à la fois des anodes et des cathodes. Les premiers sont alimentés par une dissolution de sel, les autres par de l'eau. La vitesse de rotation est faible et réglée de manière à ce que le mercure absorbe dans la « chambre à chlore » environ 0,2 p. 100 de sodium; celui-ci est ensuite oxydé dans la « chambre d'hydratation » par l'oxygène qui se dégage au-dessus de la surface du mercure (*Zeitschr. f. Elektrochemie*, II, 429).

Le brevet anglais de **Kellner**, n° 20.259, décrit un appareil très analogue à celui-ci.

Stoermer (brev. angl. ; n° 24.839, 1895; brev. all. ; n° 89.902) introduit dans l'électrolyseur une plaque ou une poêle perforée à laquelle on communique, dans l'appareil, un mouvement de bas en haut. A la descente, cette plaque se remplit d'amalgame alcalin qui s'écoule en filets minces dans l'eau, lorsque la plaque s'élève ; l'alcali est ainsi rapidement enlevé par l'eau; on réalise une importante économie d'énergie et on évite les réactions secondaires. Dans la figure 28, D représente la cathode en mercure qui repose dans le fond de l'électrolyseur A, la plaque perforée M se trouve noyée dans la cathode et est mise en mouvement par le tirant N suspendu à l'arbre P. T sont les anodes, C représente un disque métallique plat posé dans le fond du récipient et relié au pôle négatif. Le mercure est introduit par E, l'amalgame s'écoule par G

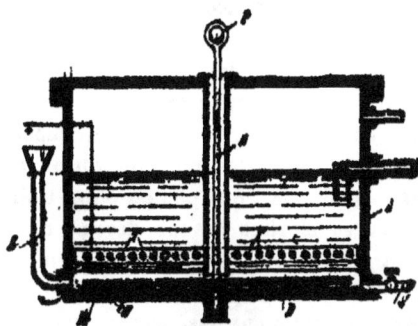

Fig. 28.

Aret (brev. angl.; n° 15.129, 1896) et **G. W. Bell** (brev. angl.; n° 20.542) ont décrit de nouveaux appareils basés sur l'emploi des cathodes de mercure.

CHAPITRE IV

IV. — Électrolyse des chlorures à l'état de fusion ignée.

L'électrolyse des chlorures alcalins et alcalinos terreux fondus constitue une des plus curieuses applications du courant électrique ; c'est par cette méthode que les métaux alcalins et alcalino terreux ont été obtenus, pour la première fois, par Davy, Bunsen et d'autres. Les procédés techniques imaginés dans ce but ne nous intéressent qu'à la condition que les métaux alcalins devront être convertis en alcali caustique, par leur décomposition avec l'eau, soit dès leur production, soit immédiatement après. Ce but a été poursuivi par de nombreux inventeurs qui se proposent notamment d'éviter lès pertes de courant par conductibilité secondaire et électrolyse des produits séparés (page 14), ainsi que les réactions chimiques qui peuvent intervenir entre ces produits.

Théoriquement, la force électro-motrice nécessaire pour l'électrolyse des chlorures fondus est beaucoup plus grande que celle exigée par l'électrolyse des dissolutions aqueuses correspondantes car dans ce dernier cas les chaleurs de formation qui correspondent

aux réactions secondaires (par exemple $Na + H^2O = NaOH + H$),
viennent en déduction de la force électro-motrice nécessaire pour la
décomposition de la molécule.

Evidemment, cette chaleur de formation se manifestera également
ment dans la réaction du sodium avec l'eau, qui s'opère ultérieure-
ment, en dehors de la cellule, après l'électrolyse du sel séparé
en Na et Cl ; mais alors elle apparaît manifestement sous forme de
chaleur et, dans la plupart des cas, elle n'est que peu ou point utilisée. La décomposition des chlorures alcalins fondus devrait donc
exiger une tension notablement plus élevée, et par conséquent un
travail plus considérable pour la dynamo que ne le nécessite la
décomposition des sels dissous, le calcul étant basé sur les données
thermochimiques, comme nous l'avons montré page 17. Toutefois,
dans la pratique, cette tension est bien moindre que ne l'indiquent les
résultats de ce calcul. On peut vraisemblablement en trouver l'explication dans le fait que l'électrolyse des chlorures fondus ne peut
s'opérer qu'à des températures naturellement très élevées, dépas-
sant même le point de fusion des chlorures ; la chaleur apportée par
le chauffage extérieur des bains fournit dans ce cas une partie du
travail. Ainsi, par exemple, la tension aux bornes nécessaire pour
la production du sodium obtenu par l'électrolyse de la soude caustique fondue ne serait, d'après Castner, que de 1 V.

Dans ce qui va suivre nous ne mentionnerons que les procédés
qui ont pour objet la préparation des métaux alcalins obtenus par
l'électrolyse de leurs chlorures, et cela plus particulièrement en vue
de la transformation du sodium en soude. Nous n'étudierous par
conséquent pas les procédés qui ont pour objet l'obtention du métal
alcalin comme produit commercial, parmi lesquels celui de **Castner**
(brev. all. ; n° 58.121) a été couronné du plus grand succès dans la
pratique industrielle.

En effet, Castner n'électrolyse pas du sel marin, mais bien de la
soude caustique ; son procédé, qui n'exige qu'une tension de 1 V.,
fonctionne en grand à Oldbury, près Birmingham et donne,
paraît-il, les meilleurs résultats. Par contre, d'autres inventeurs,
par exemple Grabau (brev. all. ; n° 56.230) et Borchers (*Zeitschr.*,
f. angew., *Chem.*, 1893, 487) électrolysent, dans le même but, le
chlorure de sodium (voir plus bas) (Pour le procédé Grabau, voir
Monit. scient., 1892, 272).

Wedermann (brev. angl. ; n°⁸ 1933 et 1934, 1873) a proposé de
préparer un « sous chlorure de sodium » Na^2Cl (*sic*) par l'électrolyse
du chlorure de sodium fondu, avec emploi d'anodes en charbon ; ce
composé peut ensuite être décomposé par l'eau en soude caustique
et chlorure de sodium : $Na^2Cl + H^2O = NaOH + NaCl + H$.

Grabau (brev. angl. ; n° 15.792, 1889) prépare le sodium de la manière suivante : Il a été constaté que les récipients en terre réfraction sont en peu de temps mis hors d'usage, non par le fait de la température élevée à laquelle ils sont exposés, mais par suite du passage du courant. Pour cette raison, il construit ses cellules en porcelaine et leur donne la forme d'une cloche à doubles parois ; elles émergent, à leur partie supérieure, hors du bain de chlorure de sodium fondu, un espace intermédiaire étant laissé entre le bain et le métal fondu. Dans ces conditions, le courant ne traverse pas le récipient en poterie réfractaire, mais passe tout autour de sa partie inférieure, à travers le métal contenu dans la cellule en porcelaine qui s'élève dans la cloche par suite de son faible poids spécifique. Une conduite à gaz relie la partie supérieure de la cellule avec un récipient contenant du pétrole, dans une atmosphère d'azote ou d'hydrogène.

D'après le brevet anglais de **Grabau** (n° 16.080, 1890), on peut éviter la production de sous-chlorure de sodium pendant l'électrolyse, à la température du rouge, lorsqu'on mélange une molécule de chlorure de potassium et une molécule de chlorure de sodium, avec addition de une molécule $SrCl^2$ (préférablement à $CaCl^2$) pour trois molécules des chlorures mélangés. Le point de fusion de ce mélange est bien au-dessous du rouge, de sorte qu'il ne se forme pas de sous-chlorure. Le sodium produit contient 3 p. 100 de potassium, mais pas de strontium.

Burghardt (brev. ang. n° 12.977, 1892), dirige le métal alcalin obtenu par le procédé de Grabau, à l'état de vapeur, à travers un tube dans lequel on injecte de la vapeur d'eau à une température suffisamment élevée pour que la soude caustique reste en fusion et puisse être écoulée directement dans des cylindres en fer, dans lesquels elle se solidifie.

Stoerck (brev. all., n° 68.335), ajoute au chlorure de sodium fondu, destiné à la production du métal alcalin, une certaine proportion de fluorure qui ne participe pas en lui-même à la décomposition, mais favorise celle du chlorure. Il décrit pour l'électrolyse, un appareil spécial, dont le fond forme fermeture hydraulique avec du plomb fondu (pour plus de détails, voyez *Zeitschr. f. angew. chem.*, 1893, 356).

Vautin (*Journ. Soc. chim. ind.*, 1894, p. 448; *Monit. scient. Quesn.*, 1894, 928, brev. angl., n° 13.568 et 20.404, 1893; brev. all., n° 78.001), décrit des essais concernant l'électrolyse du chlorure de sodium fondu, avec emploi d'une cathode en plomb fondu qui dissout le sodium réduit pour former un alliage. Celui-ci est ensuite distillé pour en extraire le sodium métallique, ou bien on le décompose par l'eau, pour obtenir de la soude caustique. (Voir *Monit. scient.*, 1895, brev. p. 150).

L'auteur a constaté qu'en opérant dans des conditions absolument égales et dans des appareils d'égales dimensions, d'une part sur du chlorure de sodium fondu, de l'autre, sur une dissolution aqueuse de ce sel, il fallait dans le premier cas faire passer quatre ampères avec une tension de 2 v., tandis que dans le second cas, 3,5 v. étaient nécessaires et il ne passait que 1.4 ampères : il en résulte que, dans le premier cas, on pouvait produire cinq fois plus de travail que dans le second.

L'auteur propose l'emploi de creusets en acier A, avec un fond hémisphérique (fig. 29) ; la partie cylindrique est protégée par un revêtement en magnésie qui descend jusqu'au dessous du niveau du plomb fondu. Par suite de cette disposition, le creuset tout entier fait l'office de cathode, la sortie du courant peut s'effectuer en E. Un tube muni d'un robinet K fait communiquer le fond du creuset avec le creuset préparant L.

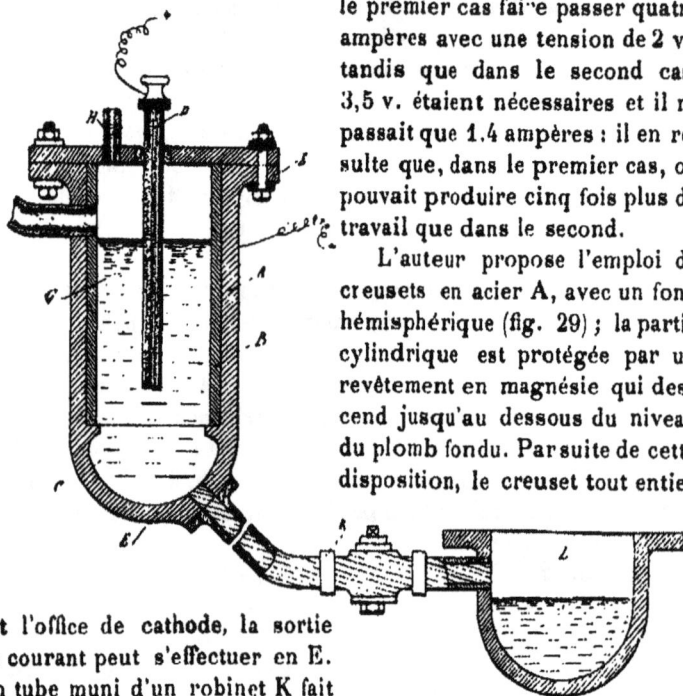

Fig. 29.

Lorsque le plomb s'est suffisamment chargé de sodium en A, on fait écouler l'alliage liquide par K dans L où il est décomposé par la vapeur d'eau, etc., en soude caustique et en plomb, puis on introduit à nouveau du plomb fondu en A et ainsi de suite. En vue de protéger le couvercle en fer de A contre l'action du chlore, on le plonge dans un bain de sel fondu, ce qui détermine, après refroidissement, la formation d'une croûte qui, dans le cours de l'opération, ne sera plus exposée à une température suffisamment élevée pour fondre le sel (ceci paraît très douteux !) On ne peut employer la fonte pour le creuset décomposeur, car elle laisserait suinter le sel fondu ; on peut, à la rigueur, lui donner un revêtement de magnésie, mais il est préférable d'employer l'acier.

7

La chaleur nécessaire peut être fournie intérieurement par le courant électrique lui-même, dans ce cas l'usure est bien moins grande que lorsque l'on a recours à un chauffage extérieur. On fait absorber au plomb 10 à 20 p. 100 de sodium, l'alliage est ensuite traité par une des méthodes suivantes: on le concasse et on l'introduit dans l'eau pour former de la soude caustique, ou bien on le refond dans un chaudron en fer et on l'expose à l'action de la vapeur d'eau: il en résulte de la soude caustique fondue que l'on soutire à la partie supérieure au-dessus du plomb. On peut aussi rendre le procédé continu (voyez Hulin, page 92); enfin, l'alliage de plomb et de sodium peut encore être transformé, par fusion avec de la soude caustique, en oxyde sodique, qui peut servir à préparer le peroxyde de sodium, Na^2O^2.

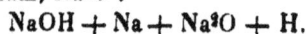

$$NaOH + Na + Na^2O + H.$$

ou être employé pour la fabrication des cyanures alcalins, par fusion avec le ferrocyanure de potassium, ou bien encore servir à la production de sodium métallique (par distillation). La tension nécessaire est un peu au-dessous de 2 volts. Les anodes consistent en charbon des cornues que l'on imprègne avec un sirop de sucre et que l'on carbonise ensuite avec précaution. Dans ces conditions elles résistent pendant des mois entiers, sans usure appréciable et ne sont pas transformées par le chlore en une masse opposant une forte résistance à la conduite de l'électricité, comme c'est le cas pour les anodes (poreuses) en charbon des cornues ordinaire.

La *Zeitschr. fur Elektrotechnik u Electrochemie*, 1894, 250, mentionne que le procédé d'électrolyse des chlorures alcalins fondus, avec emploi de cathodes de plomb fondu, a déjà été patenté par **Napier**, en 1844, par les brevets anglais, n°s 10.362 et 10.684 (non 684, comme ce journal l'indique par erreur). Toutefois, ces brevets ne se rapportent nullement à l'électrolyse des chlorures alcalins, mais seulement à celles de minerais de cuivre, et n'ont, par conséquent, aucun rapport avec les procédés de Vautin.

D'après le 31e Alkali Report, 1894, le procédé Vautin était à l'essai à Kearsley, sur un pied semi-industriel, mais il a été ensuite abandonné.

Un nouveau brevet du même inventeur (brev. angl., n° 10.197, concerne la production des métaux alcalins à l'état libre, par distillation de l'alliage de plomb et de sodium.

Hulin (brev. all., n° 79.435), effectue la décomposition des chlorures alcalins au moyen de plusieurs anodes? dont l'une est en charbon, les autres en métal lourd ou en oxyde métallique mélangé à du charbon. Son but est d'obtenir des alliages des métaux alcalins avec des métaux lourds. (*Monit. scient. Quesn.*, 1895, brev., p. 20 et 60).

La Société d'aluminium de Neuhausen, a lancé dans le commerce, fin 1895, un alliage de zinc et de sodium, destiné à des usages réducteurs.

Electrolyse du chlorure de plomb.

En 1869 déjà, **Crockford** (brev. angl., n° 3.204), proposait de décomposer le chlorure de plomb, par l'électrolyse, en plomb et en chlore, mais à cette époque, cette proposition ne pouvait avoir l'importance qu'elle présente dans ces derniers temps, au point de vue pratique.

F.-M. Lyte (brev. allem. n° 74.530, *Monit. scient.* 1894, brev. 11) emploi l'appareil suivant pour l'électrolyse du chlorure de plomb : un récipient A (fig. 30) en fonte, chauffé extérieurement à une tem-

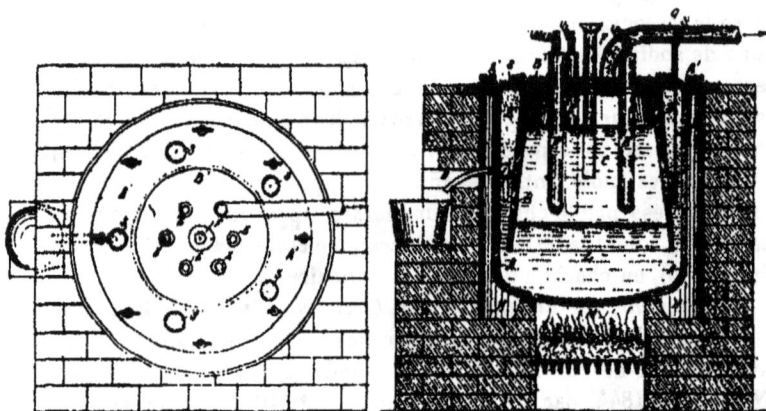

Fig. 30.

pérature supérieure à celle de la fusion du plomb, renferme une cellule de décomposition constituée par une cloche B en poterie ou autre matière analogue. Le bord inférieur de cette cloche plonge dans le plomb fondu L, elle est partiellement remplie avec du chlorure de plomb C, le chlore dégagé s'accumule dans sa partie supérieure.

Par suite de la pression exercée par le chlorure de plomb fondu, le niveau du plomb, à l'extérieur de la cellule, est plus élevé qu'à l'intérieur ; l'excès de plomb, qui prend continuellement naissance, s'écoule par le trop-plein D. E' représente les anodes en charbon qui traversent le couvercle de D et plongent dans le chlorure fondu presque jusqu'à la surface du plomb L formant la cathode ; F est un tube servant à l'introduction de nouvelles quantités de chlorure de plomb, son extrémité inférieure se trouve bouchée par le chlorure de plomb fondu. G sert à la conduite du chlore. La cloche B est maintenue à l'intérieur du récipient E, à l'aide du couvercle en fer A'; B s'engage exactement dans une ouverture de A'; sur le pourtour, on a pratiqué de petites ouvertures permettant de remplir l'espace S qui règne autour de la partie supérieure de la cloche, avec du charbon pulvérisé, du sable ou toute autre matière analogue Ces matières surnagent le plomb à l'extérieur de la cloche, le préservent de l'oxydation et s'opposent au rayonnement de la chaleur.

La cloche B n'ayant à supporter que la pression exercée par la partie supérieure du chlorure de plomb fondu, il est inutile de donner une forte épaisseur à ses parois, elle peut consister en n'importe quelle matière résistant à l'action de la chaleur et du chlore, telle que la terre réfractaire, le graphite, etc. Les joints entre le couvercle de la cellule, les anodes et les tubes, sont établis hermétiquement à l'aide d'un mastic d'amiante et de silicate de soude. Si la matière de B est en graphite, ou en une autre substance conductrice, il est nécessaire d'isoler les anodes. Le récipient A n'étant pas exposé à l'action du chlore peut être confectionné en fonte; on établit alors la communication électrique soit à l'aide d'une tige de fer étamé H qui plonge dans le plomb de la cathode, soit par le récipient A lui-même qui est alors étamé intérieurement pour assurer le contact intime avec le plomb.

Le tube de trop-plein D fait une légère saillie à l'intérieur du récipient A et son extrémité est dirigée vers le bas afin d'éviter qu'il ne vienne à être bouché par du sable.

Les anodes sont constituées par des tubes de charbon E, fermés à leurs deux extrémités et arrondis extérieurement. Ils renferment un noyau métallique, un métal ou un alliage fusible à une température au-dessous de celle de la fusion de plomb, une tige conductrice qui trempe dans ce noyau métallique le relie avec la borne de l'électrode et détermine ainsi un bon contact électrique, tout en évitant que le charbon ne se détériore mécaniquement, sous l'influence de la dilatation du métal, pendant le temps de chauffe (voir *Monit. scient.* 1894 brev., page 45). Ces électrodes font l'objet d'un brevet spécial n° 733.641 (voir chapitre VII).

Pour mettre l'appareil en marche, on introduit d'abord du plomb fondu dans A jusqu'à une hauteur suffisante ; on place la cloche B et on y introduit par F le chlorure de plomb, à l'état pulvérulent ou fondu, jusqu'à ce que le niveau intérieur du plomb soit parvenu à la hauteur normale ; ensuite on verse par S du charbon pulvérisé ou du sable. Dès qu'il se produit un écoulement de plomb fondu par D, on introduit par F^V une plus grande quantité de chlorure de plomb, afin de maintenir autant que possible le niveau constant.

Dans le brevet d'addition n° 77.907, Lyte indique un perfectionnement au procédé décrit. Il consiste à purger l'air de l'appareil, avant le commencement de l'électrolyse, par un courant de chlore ou d'azote, dans le but d'éviter l'action nuisible exercée par l'oxygène sur le charbon des anodes (brev. angl. n° 76.264, 1893).

Différents procédés permettent de fabriquer le chlorure de plomb.

D'après le brevet de **Lyte** n° 72.804, on l'obtient en décomposant le sulfate de plomb avec une solution concentrée et bouillante de chlorures de magnésium et de sodium. La majeure partie du chlorure de plomb se sépare par refroidissement, l'argent est précipité par le zinc; on élimine le sulfate alcalin par un nouveau refroidissement de la liqueur et finalement le plomb, qui pourrait rester encore en solution, est précipité par une nouvelle addition de chlorure alcalin. D'après le brevet anglais du même auteur (n° 4.068 1891, *Monit. scient. Quesn.* 1892 brev. 245), on transforme l'oxyde de plomb en chlorure en le traitant par l'acide chlorhydrique ou le chlorure d'ammonium; le brevet n° 7.264, 1893, est analogue.

D'après les brevets anglais n°s 17.745 et 21.464, pris en 1891 par le même auteur, on obtient le chlorure de plomb par décomposition de nitrate de plomb avec le chlorure de calcium ou de magnésium; on régénère l'acide azotique en calcinant l'azotate de chaux ou de magnésie (*Monit. scient. Quesn.* 1893, brev. 163), ou bien encore on prépare le chlorure de plomb en traitant l'oxyde ou le nitrate de plomb par l'acide chlorhydrique; dans ce dernier cas, il se forme de l'acide azotique libre. Dans tous les cas, on doit préalablement précipiter l'argent des solutions de nitrate de plomb par une addition de plomb très finement divisé. Le brevet allemand de Lyte n° 76.781 concorde en général avec son brevet anglais de 1891 et est relatif au traitement des lessives de chlorure de calcium ou de chlorure de magnésium provenant de la fabrication de la soude à l'ammoniaque. Par double décomposition avec l'azotate de plomb, on obtient du chlorure de plomb et le nitrate du métal alcalino-terreux : celui-ci est ensuite décomposé par la chaleur en terre alcaline et en acide azotique.

Le chlorure de magnésium peut aussi être obtenu par la décomposition du chlorure de calcium avec la magnésie et un courant d'acide carbonique, suivant la réaction de Schaffner et Helbig.

Le chlorure de plomb, qui peut encore rester en dissolution avec le nitrate de chaux, après séparation par filtration du chlorure qui s'est déposé, peut être presque complètement précipité en acidulant légèrement la liqueur par l'acide chlorhydrique ou l'acide azotique, la petite quantité de chlore qui se forme dans le premier cas favorise l'action ultérieure de l'acide azotique comme dissolvant de la litharge, car elle détermine la précipitation de l'argent. Le chlorure de plomb peut aussi être précipité par un lait de chaux, à l'état d'oxychlorure, ou par le sulfure de calcium, à l'état de sulfure.

La décomposition des nitrates de calcium ou de magnésium s'effectue déjà lorsqu'on les calcine à la température du rouge faible, les vapeurs, traitées par l'air et l'eau, d'après les procédés connus, régénèrent l'acide azotique. On enlève par lavage le nitrate non décomposé qui pourrait rester dans le résidu. L'acide obtenu est employé comme dissolvant de l'oxyde de plomb (massicot) préparé lui-même soit par oxydation du plomb métallique résultant de l'électrolyse du chlorure de plomb, soit en oxydant du plomb du commerce. Dans ce dernier cas, la solution contient de l'argent et doit être désargentée, avant l'addition du chlorure de calcium, à l'aide de plomb métallique finement divisé (spongieux), ce qui s'opère avec une grande facilité et très économiquement.

Le chlorure de plomb est ensuite précipité, comme il a été dit plus haut, lavé, desséché et électrolysé. L'appareil décrit dans ce brevet a été annulé par celui qui fait l'objet du brevet n° 74,530.

Le procédé décrit dans les brevets allemands de Max Lyte (n° 61.621, 54.542 et 74.538) et dans les brevets de Lyte et Lunge n° 74.487 (brev. angl. n° 5.352, 1891 ; n° 8.692, 1891 ; n° 13.654, et 13655, 1893) doit certainement être considéré comme le plus important pour la préparation du chlorure de plomb. (*Monit. scientif.* 1892, brev. 132; 1894, brev. 17, *ibid.*, 1894, brev. page 18, *ibid.*, 1894-154.

Il comprend la série des opérations suivantes : On chauffe du nitrate de soude avec de l'oxyde de fer et l'on obtient, par traitement du résidu, de la soude caustique et de nouveau de l'oxyde de fer (généralement sous forme de colcothar). Les vapeurs sont condensées à l'état d'acide azotique qui sert à la dissolution de l'oxyde de plomb.

Le nitrate de plomb est décomposé par le chlorure de sodium en chlorure de plomb et en nitrate de soude, la majeure partie du chlorure de plomb cristallise par refroidissement de la dissolution concentrée, le restant est précipité par la chaux, la soude ou l'oxyde de plomb, à l'état de chlorure basique. Le chlorure de plomb est ensuite électrolysé d'après le procédé décrit (page 99), et donne du chlore et du plomb métallique qui est oxydé à l'état de litharge et redissous dans l'acide azotique obtenu comme il a été dit plus haut, par calcination d'un mélange de nitrate de soude et d'oxyde de fer.

Pour la mise en pratique de ce procédé, il faut prendre note des constantes suivantes concernant le chlorure de plomb : point de fusion environ 500° (divers auteurs indiquent 485°-510°) ; point d'ébullition, d'après Carnelley et Williams (*Journ. Chem. Soc.* 35.564 a ; 37.126) entre 861° et 954° ; poids spécifique 5,8 ; à l'état fondu il constitue un parfait conducteur de l'électricité, notamment à 510° : 22.500 × 10-7 ; à 580° ; 30.000 × 10-7, quantités exprimées en unités de mercure. (Le plomb métallique fond à 326° et entre en ébullition entre 1090° et 1450°. La tension de décomposition a été fixée par Lorenz (*Zeitschr. f. Elektrochemie* II. 333), suivant l'intensité du courant, entre 1,1 et 0,1 Volts.

CHAPITRE V

Chlore retiré de l'acide chlorhydrique ; liqueurs de blanchiment.

V. — *Préparation du chlore par l'électrolyse de l'acide chlorhydrique et inversement.*

Geisenberger (brev. angl. n° 3104, 1883, ne conférant qu'une *protection provisoire*), propose de produire un courant par l'action de l'acide chlorhydrique sur des plaques de zinc et de charbon accouplées et de décomposer, en chlore et zinc métallique, dans un deuxième récipient et à l'aide de ce courant, le chlorure de zinc formé dans le premier récipient.

Hœpfner (brev. angl. n° 19375, 1891) propose d'extraire le chlore de l'acide chlorhydrique ou d'un mélange d'un chlorure avec de l'acide sulfurique. La solution parcourt l'électrolyseur, sa concentration est toujours maintenue constante par addition d'acide chlorhydrique aqueux ou par insufflation de gaz chlorhydrique. Le procédé convient surtout pour l'extraction du chlore du chlorure de calcium résiduel du procédé Weldon ou du procédé de la soude à l'ammoniaque ; les liqueurs sont additionnées d'acide sulfurique et la solution d'acide chlorhydrique obtenue est électrolysée. Pour le diaphragme, l'auteur emploie le parchemin nitré qui n'est pas attaqué par le chlore, mais qui ne s'oppose pas à la réduction en présence de l'alcali à la cathode, par suite on dispose près de la cathode un deuxième papier parchemin non nitré, qui remplit l'office de diaphragme. (Voir *Monit. scient.*, 1892, brev. page 340.)

Kellner (brev. angl.; n° 20.060, 1891) veut obtenir du chlore et de l'hydrogène, en traitant à chaud l'acide chlorhydrique, dans un appareil construit en matière résistant à l'acide et qui consiste en plusieurs récipients superposés, divisés par des nervures en cellules longitudinales, et renfermant des électrodes horizontales. L'acide chlorhydrique s'écoule de haut en bas à travers tous les compartiments, et est en même temps chauffé par un serpentin en plomb dans lequel circule de la vapeur (Cette prescription caractérise l'impraticabilité du procédé, car un serpentin en plomb serait rapidement dissous par l'acide chlorhydrique chaud).

Oettel (*Zeit., Electrochemie*, 1895, 57) a publié des recherches théoriques sur la production du chlore aux dépens de l'acide chlorhydrique. Il démontre qu'on obtient les meilleurs résultats, par conséquent le minimum de réduction du chlore par l'hydrogène, lorsque la densité du courant est très élevée à la cathode et lorsqu'on diminue la solubilité du chlore dans l'acide par l'addition de divers sels. On peut alors obtenir 92 à 98 p. 100 du rendement théorique.

Knorre et Paeckert (brev. all.; n° 83.565) opèrent la décomposition de l'acide chlorhydrique dilué, dans d'aussi bonnes conditions que celle de l'acide concentré, en ajoutant un chlorure, par exemple 160 gr. de chlorure de sodium, à un litre d'acide chlorhydrique à 7 p. 100. Dans ce cas, on peut dégager au début de l'opération 98 p. 100, à la fin encore 85 p. 100 de la quantité théorique de chlore contenu dans l'acide chlorhydrique et n'en laisser que des traces, tandis que le chlorure de sodium reste indécomposé. La solution résiduelle de sel sert à nouveau pour l'absorption de l'acide chlorhydrique. Des plaques de charbon servent d'électrodes. L'emploi d'un diaphragme n'est pas nécessaire (Voir *Monit. Scient.*, 1895, brev. page 134.)

La préparation du chlore par l'électrolyse de l'acide chlorhydrique paraît être effectivement réalisée, mais elle n'est certainement pas pratiquée sur une grande échelle, au moins jusqu'à présent.

La tranformation du chlore libre, obtenu par l'électrolyse, en acide chlorhydrique est un problème qui, jusque dans ces derniers temps, n'aurait pu présenter aucun intérêt au point de vue technique. Mais on ne peut toutefois nier la possibilité que, par suite du perfectionnement des méthodes électrolytiques, les valeurs du chlore et de l'acide chlorhydrique ne viennent à subir une perturbation complète et que la production de l'acide chlorhydrique en partant du chlore libre, qui est aujourd'hui un non-sens industriel complet, ne puisse devenir économique. Sans aucun doute, on trouverait alors les moyens de réaliser la combinaison du chlore et de l'hydrogène sans danger d'explosion. Lorenz a publié à ce sujet (*Zeit. f. angew., Chem.,* 10,74) un essai intéressant. Il montre qu'un mélange de chlore et de vapeur d'eau, dirigé à travers un tube de porcelaine chauffé au rouge sombre et rempli de charbon bois, est immédiatement et quantitativement transformé en un mélange d'acide chlorhydrique et d'oxyde de carbone :

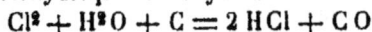

$$Cl^2 + H^2O + C = 2\,HCl + CO$$

Après lavage à l'eau de l'acide chlorhydrique, il reste de l'oxyde de carbone presque pur que l'on peut utiliser pour le chauffage de l'appareil. Ce procédé a été breveté par Lorenz (brev. angl.; n° 25.073, 1894) (Voir aussi *Monit. scient.*, 1895; brev. page 221)

VI. — *Préparation de liqueurs de blanchiment par l'électrolyse des chlorures.*

D'après la *Chem. Ind.*, 1893, page 129, *Brand* blanchissait électriquement du calicot entre deux plaques de platine en 1820 déjà. Cet essai n'avait en tout cas été institué que sur une très petite échelle et a été fait au moins 60 ans avant qu'il ne soit possible de concevoir les plus faibles espérances sur une application industrielle de ce procédé.

Un des premiers brevets pour un procédé de blanchiment électrolytique avec le chlore, obtenu par le traitement des chlorures de magnésium ou de calcium, a été pris par **Hermite**. Les brevets anglais sont inscrits sous les n° 5.160, 1888 et 13.929, 1884, le brevet allemand sous le n° 34.549. Les meilleurs résultats sont obtenus avec des solutions de chlorure de magnésium d'une densité de 1,125 ou de 1,190 pour le chlorure de calcium; ces solutions sont toujours régénérées dans le procédé de blanchiment. Les cathodes sont en zinc, les anodes en platine; la consommation du chlore ne s'élèverait qu'à la neuvième partie de celle exigée pour le blanchiment par les méthodes ordinaires. Les équations données par Hermite pour expliquer les réactions sont de nature fort douteuse et ne méritent pas d'être reproduites. Le brevet anglais 3.957, 1886 (page 78), qui prescrit l'emploi d'une cathode de mercure, ne paraît pas avoir reçu d'application pratique. *Hermite, Patterson* et *Cooper* décrivent, dans les brevets n° 14.673, 1886 et n° 1.993, 1887, une cuve munie d'une cloison de séparation percée de trous, avec électrodes en zinc et en platine et un propulseur hélicoïdal qui maintient la liqueur en circulation continuelle et la dirige vers les électrodes. Pour éviter des dépôts, le zinc est continuellement râclé par des couteaux mis en mouvement mécaniquement.

Un autre brevet de **Hermite, Patterson** et **Cooper** (brev. all., n° 49.851), recommande pour le blanchiment électrolytique l'emploi d'une solution de 1 partie Mg Cl² et 4 parties de sel gemme ayant une densité de 1,03 ou une solution de carnallite à 5-6 p. 100 à laquelle on doit ajouter un peu de magnésie pour maintenir continuellement l'alcalinité du bain.

Cross et **Bevan** ont publié (*Journ. Soc. chim. ind.*, 1887, p. 170; *Monit. Scient.*, 1888, p. 889), un excellent rapport sur le procédé Hermite. Ils affirment que l'effet obtenu au blanchiment par une solution électrolysée de chlorure de magnésium (qui est généralement employée dans la pratique) serait supérieur dans le rapport 5 : 3 à celui obtenu par l'emploi d'une solution de chlorure de chaux présentant le même titre d'oxydation à l'égard de l'acide arsénieux; ensuite que l'action oxydante (formation d'oxygène libre) est plus grande que ne l'indique le calcul basé sur la loi de Faraday (le premier point s'explique probablement simplement par ce fait que l'hypochlorite de magnésium, préparé d'une certaine manière, est bien moins stable et agit plus rapidement dans le blanchiment que l'hypochlorite de calcium, la deuxième assertion peut avoir pour cause l'incertitude des mesures, d'autant plus facilement que la différence signalée n'est pas très grande).

Pour la concentration du chlorure de magnésium, une teneur de 2,5 p. 100 Mg Cl² est indiquée par les auteurs comme la plus convenable. Le coût du procédé se calcule de la manière suivante :

Les auteurs ont trouvé que le rendement minimum en chlore actif était de 1,25 grammes par ampère-heure, avec une tension de 5 volts et ils comptent, pour 100 kilog. de chlore $=$ 300 kilog. chlorure de chaux, sur une consommation de 570 chevaux par heure.

Mais, comme le chlore obtenu, comparé à celui du chlorure de chaux, produit au blanchiment un effet supérieur dans la proportion de 5 : 3, on obtient avec 570 chevaux l'équivalent de 500 kilog. de chlorure de chaux par heure, ou bien, en vingt-quatre heures, 1.000 kilog. avec 50 chevaux. Si l'on compte le prix de revient d'un cheval à raison de 9 livres sterling par année de 300 jours de travail, on en déduit le prix de revient de 1 livre sterling 10 sh. o D pour l'équivalent d'une tonne de chlorure de chaux, avec une force électrique produite par la vapeur. Les auteurs ajoutent encore 1 livre sterling pour intérêts et amortissement, soit au total 2 livres sterl. 10 sh. o D, mais ils ne comptent rien pour les autres frais.

Le mémoire de Cross et Bevan a été vivement attaqué par *Armstrong* (*Journ. Soc. chim. ind.*, 1887, p. 246), et notamment par

Hurter (loc. citat., p. 337) qui, s'appuyant sur des recherches et des analyses personnelles, s'inscrit catégoriquement en faux contre les résultats indiqués par Cross et Bevan. Le prix de revient de l'équivalent électrolytique du chlorure de chaux serait, d'après Hurter, considérablement plus élevé, soit 22 à 42 livres sterling au lieu de 2 liv. sterl. 10 sh. o D.

Cross et Bevan (loc. citat., 1888, p. 292), ripostent par la publication d'une longue série d'essais de laboratoire, ainsi que par des essais de blanchiment en grand, qui sont en complet désaccord avec les affirmations de Hurter et les résultats qu'il a obtenus.

Hurter réplique à nouveau (loc. citat., p. 726), il explique quelques contradictions, mais en somme, dans toute cette discussion, il a été impossible de reconnaître à quelle cause il fallait attribuer les très grandes différences d'appréciation du procédé Hermite qui, d'après les journaux américains, était appliqué avec plein succès dans une fabrique de papier de ce pays. Il est certain que la fabrique anglaise dans laquelle ces premiers excellents résultats avaient été obtenus, a abandonné le procédé, le matériel fut vendu comme vieille ferraille. D'autre part, ainsi qu'il résulte de la notice qui va suivre, une nouvelle voie a été ouverte pour l'application de ce procédé dans d'autres usines, on peut en conclure qu'aujourd'hui on ne travaille plus avec le chlorure de magnésium, mais avec le sel marin.

D'après la *Papier Zeit.*, 1894, p. 27 *(Zeit. f. angew. Chem.*, 1894, p. 563), le procédé Hermite est appliqué dans la fabrique de cellulose de Stjernfors, près Uddeholm (Suède), dans laquelle on blanchit journellement, depuis quatre ans, 1.750 kilog. de pâte. Pour 100 kilog. de cellulose on décompose 11 kilog. de chlorure de sodium, on consomme au total 75 chevaux, force hydraulique, pour la dynamo. On réalise le blanchiment dans cette usine à bien meilleur compte par ce procédé que par l'emploi du chlorure de chaux, quoique la consommation de force soit deux fois plus grande que celle indiquée par Hermite.

D'après une communication de Cross et Bevan (*Journ. Soc. ind.*, 1892, p. 964), le procédé Hermite, dont Hurter croyait avoir démontré la parfaite absurdité, était à l'époque en pleine activité sur le continent européen et s'était substitué à une consommation annuelle de 3,000 tonnes de chlorure de chaux.

On trouvera, dans *Wagner's-Fischer's Jahresbericht*, 1889, p. 1175, une description de l'application de ce procédé dans une fabrique de papier, à Cardiff.

Nous ne pouvons entrer ici dans les détails des propositions faites par Hermite pour le traitement électrolytique de l'eau de mer, ou d'un mélange artificiel de chlorures de sodium et de magnésium, en vue de la désinfection des eaux d'égout, etc., procédé dans lequel le chlore est l'agent actif. Nous nous bornerons à renvoyer à la description du procédé, dans *Zeitsch. f. Elektrochemie.*, II, 1895-1896, p. 68 et 88, ensuite au rapport de Roscoe et Lunt (*Journ. Soc. chim. ind.*, 1895, p. 226).

Stepanow (brev. all. n° 61.708) emploie une solution de chlorure de sodium additionnée de chaux. Il se produit la réaction suivante :

$$2\,Ca(OH)^2 + 4\,NaCl + 2\,H^2O = Ca\,Cl^2 + Ca\,(OCl)^2 + 4\,NaOH + 2\,H^2.$$

La moitié de la soude caustique formée se décompose avec le chlorure de calcium pour former du chlorure de sodium et de l'hydrate de calcium qui se précipite, l'autre moitié reste en solution. L'appareil se compose d'un grand nombre de caisses en plomb, suspendues en gradins à un cadre oblique et parcourues successivement par la liqueur à électrolyser ; ces caisses servent de cathodes, les anodes sont des lames de platine.

Kellner (brev. angl. n° 10.200, 1892) prépare une liqueur de blanchiment en recombinant, en dehors de l'électrolyseur, les ions séparés par l'étrolyse. Le gaz chlore est dirigé dans le bas d'une tour d'absorption dans laquelle on fait ruisseler la liqueur alcaline provenant de la cathode, après l'avoir débarrassée de l'hydrogène entraîné par un brassage énergique dans un malaxeur.

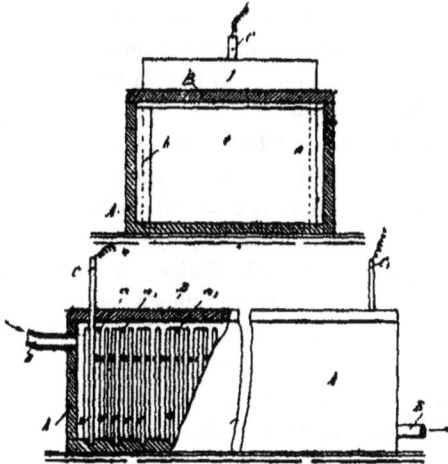

Fig. 32-33.

D'après un autre brevet (brev. all. n° 76.115) Kellner opère de la manière suivante : un réservoir A (fig. 32-34) fermé par un couvercle B est muni, sur deux de ses parois latérales opposées, de listeaux disposés alternativement et rainés *a a'...a ⁿ; b b' b ⁿ*. Les plaques d'électrodes 1. 2. 3...*n*, en charbon ou bien en lames métalliques platinées sur une de leur face, sont encastrées dans les rainures des listeaux, (cette disposition ne peut pas convenir, car aucun platinage ne saurait protéger longtemps le métal qu'il recouvre) et fixées de telle sorte que leurs extrémités libres pénètrent dans l'espace vide compris entre deux listeaux opposés. La

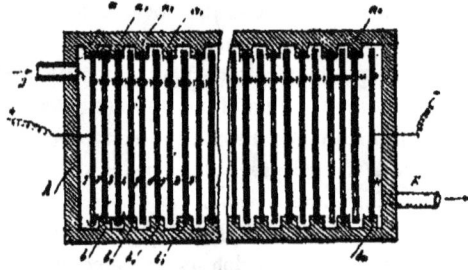

Fig. 31.

première et la dernière plaque d'électrode font saillie hors du récipient A à travers le couvercle B et portent les contacts C et C'. La dissolution de chlorure de sodium est introduite en A par le tube D et s'écoule par E, après avoir parcouru en zigzags, dans le sens des flèches, l'espace entre les électrodes. Celles-ci partagent tout l'espace vide en une série de compartiments et fonctionnent toujours sur un côté comme anode, sur l'autre comme cathode. L'électrolyte étant obligé de passer dans les intervalles entre les électrodes et les listeaux *a-a ⁿ bb ⁿ*, il ne se produit aucune perte de courant et chaque compartiment se comporte comme un élément isolé. Si, par exemple, on avait à sa disposition une dynamo de 99 volts et 32 ampères, il faudrait employer 32 plaques d'électrodes dont l'ensemble déterminerait 22 cellules ; la tension dans chaque cellule serait de 4,5 V et il passerait un courant de 32 ampères ; on obtiendra ainsi l'effet d'un courant de 4,5 V et 704 ampères. Le chlore se dégage de la solution de sel marin tout autour des anodes, tandis que la soude caustique prend naissance autour des cathodes, la liqueur qui traverse rapidement l'appareil les met tous deux en présence et détermine leur combinaison à l'état d'hypochlorite ; par suite de la rapidité du courant, l'hydrogène dégagé du côté des cathodes n'exerce aucune influence nuisible. La liqueur de blanchiment, qui s'écoule par E, est dirigée dans la cuve de blanchiment au sortir de laquelle elle retourne dans l'électrolyseur. Lorsqu'on emploie comme électrodes des plaques en charbon, on intercale entre le récipient A et la cuve de blanchiment un filtre formé d'une couche de coton de verre serrée entre deux plaques métalliques perforées ou entre deux toiles métalliques.

D'après un autre brevet (brev. allem. n° 77.128), **Kellner** prépare des blocs pour blanchiment destinés à être immergés dans les piles à papier. Ces blocs sont formés de plaques de cuivre, d'argentan ou de bronze phosphoreux, isolées entre elles, recouvertes de feuilles de platine sur le côté des anodes et amalgamées sur le côté des cathodes. On remplit la pile d'une solution de chlorure de sodium qui est transformée en liqueur de blanchiment lorsqu'on fait passer le courant. Le brevet anglais 8206, 1894, indique encore une nouvelle forme d'appareil. (Voir *Monit. scient.* 1890, page 1217 et 1218).

Dans son brevet allemand n° 69.780 Kellner propose d'augmenter l'énergie chimique du chlore libre, par le moyen de l'électricité (décharge directe entre les électrodes).

Montgommery (brev. angl. n° 2.329, 1892) propose d'activer le blanchiment électrolytique en faisant passer à travers le bain un courant d'air qui facilite l'oxydation et a en même temps pour effet de réaliser un contact plus intime entre les matières textiles et les produits de l'électrolyse.

Andreoli (brev. all. n° 51.534) prépare des liqueurs de blanchiment par électrolyse de solutions de chlorure de sodium de 1,089 densité. Dans ce procédé une cathode est toujours placée entre deux anodes présentant une bien plus grande surface. En vue de l'oxydation de l'hydrogène, on entoure les cathodes d'un manchon en toile métallique rempli de petits fragments de bioxyde de manganèse.

Un brevet anglais du même auteur (n° 8161, 1888) a pour objet la description de cathodes moulées en chlorure de plomb, que l'on transforme ensuite en peroxyde par réduction et oxydation ; elles sont en combinaison avec du chlorure de manganèse qui sert d'anodes ; il décrit en outre diverses autres formes d'électrodes et préconise l'emploi de courants alternatifs et l'échauffement du bain à 60°.

Le procédé d'Andreoli est décrit d'une manière tout à fait différente dans *Wagner's-Fischer's Jahresbericht*, 1890-1111, il doit par conséquent avoir été considérablement modifié. (Voir *Monit. scient. Quesnev.* 1891-555).

Andreoli décrit ensuite (brev. all. n° 69.720) un appareil pour l'électrolyse du sel marin mais qui peut aussi s'appliquer à celle des sulfates et des nitrates. La cellule adoptée consiste en une cuve de fer dans laquelle on place une seconde cuve en charbon poreux ou formée de plusieurs couches de toile métallique et reliée électriquement à la première (cathode de secours); on suspend dans cette cuve des anodes en charbon ou en platine. Dans ces conditions il y a formation d'hypochlorite de soude dans l'intérieur de la cuve des anodes, et extérieurement, tout autour, production de soude caustique et d'hydrogène. Les « cathodes de secours » ont pour but de diminuer notablement la *résistance* au passage du courant. On peut disposer de cette manière une série de cellules parcourues par les liqueurs qui s'écoulent successivement des deux chambres et sont ainsi concentrées, en même temps on refroidit la solution d'hypochlorite qui s'écoule du compartiment des anodes, afin d'empêcher la formation de chlorate.

Knœfler et **Gebauer** (brev. angl. n° 20.214, 1892. *Monit scient. Quesnev.* 1893, brev. 281) décrivent l'appareil suivant qui convient spécialement pour la production de liqueurs de blanchiment avec emploi d'un courant à haute tension, fourni par des machines destinées à l'éclairage.

Les électrodes consistent en plaques séparées par des chassis isolants et maintenues, comme dans un filtre-presse, par des rondelles de caoutchouc ou d'amiante, chaque électrode fonctionne d'un côté comme anode, de l'autre comme cathode. Elles peuvent être formées en platine, charbon, manganèse, peroxyde de plomb, etc. Lorsqu'on emploie du platine, la feuille ne doit pas avoir plus de 1 millimètre d'épaisseur et on peut faire passer 10 ampères ou davantage par gramme de platine, sous forme d'une feuille de 100 centimètres carrés.

Comme, à l'exception des plaques terminales, aucun contact n'est nécessaire, on évite de nombreuses réparations. Dans les cas où il serait nécessaire d'employer des diaphragmes, on les intercale, comme les électrodes, entre les cadres.

Dans leur brevet anglais n° 5.578, 1893, les mêmes auteurs annoncent qu'ils électrolysent des sels minéraux, sans emploi de diaphragmes, en employant des courants de 300 à 800 ampères par m² de surface d'électrodes; dans ce cas l'enrichissement de la liqueur en chlore actif est déterminé par le réglage de la température. Lorsqu'on emploie une dissolution saline à 10 p. 100 on peut régler d'une manière constante, sans le secours de l'analyse chimique, aussi bien la teneur en chlore que la température, en alimentant l'appareil par une quantité déterminée de solution, dans un temps donné.

Le brevet allemand n° 80.617 décrit le même appareil.

Les auteurs font remarquer que la disposition qu'ils ont adoptée et qui consiste dans l'emploi de plaques bipolaires agissant sur l'une de leur face comme anode et sur l'autre comme cathode (ce qui du reste a déjà été réalisé par d'autres inventeurs que Kellner et Andreoli), permet de disposer les électrodes individuellement l'une derrière l'autre en tension, de telle sorte que leur ensemble constitue toujours les cellules proprement dites. Cette disposition convient surtout pour les électrodes de platine auxquelles on peut alors donner une très faible épaisseur (0.01 millim.), tout en envoyant une dizaine d'ampères par décimètre carré et davantage.

Hermite, Patterson et **Cooper** (brev. angl. n° 10.930, 1895), décrivent une batterie ayant pour objet de transformer automatiquement en agent désinfectant de l'eau de mer ou d'autres solutions de chlorures. Elle consiste en une série de tubes en verre ou en toute autre matière appropriée; chaque tube contient un cylindre en zinc et un fil de cuivre platiné qui sont alternativement reliés entre eux. Les tubes sont fermés par des bouchons traversés par des tubes plus étroits, qui ramènent continuellement la liqueur du fond de l'un des tubes à la surface de l'autre. Finalement la solution s'écoule dans un récipient dans lequel un flotteur, coulissant dans un guide, agit sur un système de levier qui règle automatiquement à la fois l'arrivée du courant et l'affluence du liquide.

Les mêmes auteurs décrivent dans leur brevet anglais n° 10.929, 1895, une façon d'anode légèrement différente.

Schoop (*Zeit. f. Électroch.* 1895, 2, 207 et 209) décrit des essais sur l'électrolyse de solutions de chlorure de calcium.

Oettel (*Ibid.* 1894, 1, 354) et **Lambert** (*Bullet. Soc. chim.* (3), 11, 56) ont démontré qu'on ne peut obtenir par électrolyse une liqueur dont le titre en chlore actif soit très élevé.

Il en résulte notamment que l'on ne peut, par conséquent, préparer, d'après cette méthode, une liqueur de blanchiment commerciale, toutefois la possibilité d'employer directement l'électrolyse pour le blanchiment des fibres textiles ou du papier n'est nullement exclue. Les essais de Oettel seront étudiés plus en détail, lorsque nous traiterons de la préparation électrolytique des chlorates.

Blackmann (brev. angl. 11.016, 1895) propose de préparer des liqueurs de blanchiment plus concentrées que d'ordinaire en opérant l'électrolyse à 54-70°.

Le blanchiment une fois effectué, la liqueur, qui contient 90 p. 100 de chlorure de sodium indécomposé, est soumise au refroidissement et à une nouvelle électrolyse. Les eaux-mères doivent avoir une densité de 1.03 — 1.045 et la force électromotrice s'élève à 4-5 V. En ce qui concerne l'emploi des anodes en magnésite ou en ilménite brevetées par cet inventeur, voyez chap. VII.

Weiss (brev. all. n° 87.077) décrit un appareil destiné à la production électrolytique des liqueurs de blanchiment dans lequel les électrodes sont constituées par un tissu métallique en platine à mailles très serrées. On peut aussi disposer parallèlement deux toiles de platine et garnir l'intervalle entre ces deux toiles avec des rognures de lames de platine, dans le but d'augmenter autant que possible la surface d'électrodes.

Le brevet français n° 250.390, 11 janvier 1895, de **Kellner** est relatif à la production électrolytique d'une liqueur de blanchiment à teneur élevée en chlore. Le procédé consiste à soumettre l'électrolyse à une série de décompositions et de refroidissements successifs, jusqu'à ce qu'on ait obtenu une lessive à titre chlorométrique très élevée.

A cet effet on fait rapidement circuler l'électrolyte à travers la cellule de décomposition et on abaisse continuellement, au moyen d'un appareil réfrigérant, la température engendrée par le courant et par les réactions chimiques, la solution refroidie retourne dans la cellule de décomposition et ces alternatives d'électrolyse partielle et de refroidissement sont répétées jusqu'à ce que l'on ait obtenu la teneur voulue en chlore actif. L'emploi d'une solution à 8 ou 10 p. 100 de chlorure de sodium suffit pour l'obtention d'une lessive de blanchiment contenant 15 grammes de chlore actif par litre, or pour le blanchiment, il suffit d'employer 3 parties de chlore actif pour 100 parties de la matière à blanchir ; pour blanchir 100 kilogrammes de matière première, il faudra donc $\dfrac{3.000}{15} = 200$ litres d'une solution à 8 ou 10 p. 100 NaCl, soit 16 kilogrammes en prenant 8 p. 100 ou 20 kilogrammes en prenant 10 p. 100. La solution électrolysée peut être amenée directement dans les piles à blanchir (*Monit. scient.* 1896, brev. page 92).

Méthodes analytiques pour l'essai des liqueurs de blanchiment obtenues par l'Électrolyse.

Pour la détermination du chlore actif en présence de chlorure (NaOCl à côté de NaCl) **Norton** (*Chem. News* 66, 115) propose une méthode que moi-même j'ai décrite il y a plusieurs années et qui est en effet la meilleure et la plus simple : on titre le chlore actif par l'arséniate de sodium, d'après la méthode de Penot dans laquelle NaOCl est transformé en NaCl, ensuite, dans la même solution, on titre le chlore total avec l'azotate d'argent, l'arsénite de soude peut dans ce cas fort bien servir d'indicateur à la place du chromate de potasse ordinairement employé comme tel.

Norton détermine le chlorate, en présence d'autres composés du chlore, en ajoutant à la solution un excès de liqueur titrée d'azotate d'argent. On porte à l'ébullition après addition d'une solution d'acide sulfureux et d'un peu d'acide azotique, jusqu'à ce que l'excès d'acide sulfureux ait été chassé et que tous les composés du chlore aient été réduits à l'état de chlorure, puis on titre l'azotate d'argent en excès d'après la méthode de Volhard, en employant comme indicateurs le sulfocyanure d'ammonium et l'alun de fer.

Comparez avec la méthode directe de Frésénius.

Pour la détermination de l'alcali libre en présence d'un hypochlorite alcalin, dans les solutions de sel électrolysées qui peuvent contenir, à côté de NaCl indécomposé, NaOH, NaOCl et $NaClO^3$, Ullmann (*Chem. Zeit.* 1893, 1,208), fait usage d'une solution titrée d'acide succinique qui chasse l'acide carbonique et l'acide hypochloreux, mais non pas l'acide chlorhydrique et qui n'est pas modifiée par les agents chlorurants et oxydants.

On chauffe avec un excès d'acide succinique jusqu'à disparition de l'odeur de l'acide hypochloreux, on ajoute de la phénolphtaléine et on titre avec la soude normale.

CHAPITRE VI

Chlorates.

La production du chlorate de potasse (et aussi du perchlorate) par l'électrolyse du chlorure de potassium, a été observée il y a plusieurs années déjà par Kolbe, à une époque à laquelle personne encore n'avait songé, à une application technique de l'électrolyse en vue de la fabrication des produits chimiques. Plus tard, lorsqu'on fut entré dans cette voie, les inventeurs ne tardèrent pas à remarquer qu'il y avait accessoirement formation de chlorate lorsqu'on décompose par le courant les chlorures alcalins en alcali caustique et en chlore ; ce fait a déjà été signalé dans un des premiers brevets concernant l'électrolyse, pris par Ch. Watt (page 40). Toutefois le premier procédé de fabrication électrolytique du chlorate de potasse a été imaginé et breveté par H. Gall et de Montlaur.

Ces inventeurs ont pris un brevet anglais (n° 4.686), qui est extraordinairement peu explicite. Les chlorures alcalins sont électrolysés à la température de 50°, dans un récipient muni d'une cloison de séparation poreuse. La liqueur circule du pôle négatif au

pôle positif, de telle sorte que l'alcali libre qui se forme à la cathode
puisse immédiatement se combiner avec l'acide chlorique formé à
l'anode. A l'époque d'une visite que je fis, en 1889, à la fabrique
d'essai de Villers-sur-Hermes, les inventeurs me communiquèrent
les renseignements suivants : la réaction s'opère dans des récipients munis de diaphragmes d'une disposition spéciale, dont la
construction a présenté de grandes difficultés, et à une température
telle que l'hypochlorite, formé au début, ne puisse subsister. Le
degré de concentration de la liqueur est suffisamment élevé pour que
le chlorate de potasse puisse cristalliser dans le bain, on le pêche à
l'aide de cuillers en fonte émaillée. On employait un courant de 1.000
ampères avec une force électromotrice de 25 V, réparti dans cinq
bains, disposés à la suite l'un de l'autre et recevant chacun 5 volts.

D'après Gall, la théorie exige une tension de 3,36 V. Pratiquement on consomme une force d'un cheval pendant vingt-quatre
heures pour produire un kilog. de chlorate de potasse[1]. La Société
d'électrochimie a installé, d'après ce procédé, une grande usine à
Vallorbes (Suisse), où l'on dispose d'une chute de l'Orbe (saut du
Doubs) de 30 mètres de hauteur qui fournit 3.000 chevaux. Cette
usine fonctionne depuis 1891.

L'*Engineering and Mining News*, 1892, page 615, publie sur ce
procédé, les données suivantes (complétées dans *Revue de chimie
industrielle*, 183, page 89, et par Korda, *Monit. scient. Quesnev.*,
1894, 502) : la fabrique de Vallorbes dispose de 3.000 chevaux, sur
lesquels 1500 environ sont utilisés dans l'ancienne usine avec dix
turbines de 160 chevaux (dont neuf en activité et une en réserve) ;
les deux turbines nouvellement installées, développent chacune 700
chevaux. Les turbines, construites d'après le système Jacob Rieter,
ont un mètre de diamètre (les nouvelles turbines ne sont pas plus
grandes, mais tournent beaucoup beaucoup plus vite). Elles font
350 tours à la minute et sont directement accouplées sur des dynamos Thury, à six pôles, qui pèsent six tonnes chacune, développent 100.000 watts et marchent à une tension de 150 V. Elles
n'exigent aucun régulateur spécial, car le réglage du courant est
assuré par le bain lui-même.

Le courant est conduit au moyen de gros cables et divisé d'une
manière particulière : une moitié des bains renferme les pôles positifs, qui sont en communication avec les pôles négatifs de l'autre

1. Ceci ne correspond qu'à un rendement de 45 p. 100 de la théorie,
car une force de un cheval, développée dans une turbine, devrait être
égale au moins à 600 watts, ou tout au moins fournir 120 ampères ; pour
une force électromotrice de 5 V, le rendement théorique en chlorate
devrait être $120 \times 0,018305 = 2,205$ kilog.

moitié des bains. Le point de combinaison des deux groupes est relié à un cable isolé de la terre. L'extrémité du cable, terminée par une bande de cuivre, est mise en relation avec les dix machines à l'aide de dix conducteurs dont la moitié est dirigée sur les pôles positifs de cinq machines et l'autre moitié sur les pôles négatifs des cinq autres. Cette disposition permet de paralyser une série de bains, en arrêtant la marche des dynamos correspondantes.

L'installation comprend 270 bains, de forme rectangulaire, contenant ensemble environ 50 mètres cubes de solution, ils sont isolés du sol au moyen de godets en porcelaine, remplis d'huile pour permettre aux ouvriers de les approcher. Les anodes sont isolées des cathodes au moyen de diaphragmes, les électrodes sont disposées au fond des réservoirs. Les anodes sont formées de feuilles très minces (0,1 millim.) d'un alliage de 90 parties de platine avec 10 p. 100 d'iridium, ce mélange n'est nullement sujet à l'usure, tandis que par exemple l'argent platiné est rapidement détérioré (le charbon est complètement inutilisable dans ce cas, (voir page 125). Les cathodes sont en fer (le nickel serait préférable). Le sol du local est en bois, le plancher repose sur des godets, absolument comme les bains.

L'installation de la force hydraulique a coûté 260.000 francs, ainsi seulement 86 francs par cheval ; en comprenant les dynamos, etc. et les bâtiments, la dépense totale de l'installation s'est élevée à 600.000 francs, donc un peu moins de 200 francs par cheval ; l'installation électrique seule a coûté environ 100 francs par cheval dynamo. On emploie une solution de chlorure de potassium à 25 p. 100 et une force électromotrice de 5 V dans chaque bain, la densité du courant est de 50 A par décimètre carré. La dissolution de chlorure de potassium est dirigée simultanément dans tous les bains, une circulation méthodique continue détermine le mélange de la solution d'hydrate de soude, formée à la cathode, avec le chlore, formé à l'anode, qui est séparée de la cathode par un diaphragme. On maintient la température entre 45° et 55°, elle est réglée par le courant lui-même et a pour résultat la transformation de l'hypochlorite en chlorate. Le chlorate de potassium est très difficilement soluble dans la liqueur et cristallise en majeure partie, aussi toutes les deux heures on fait écouler la liqueur, on sépare les cristaux (que l'on transforme en produit commercial par recristallisation) et on sature de nouveau la dissolution, dans d'autres réservoirs, au contact du chlorure de potassium ; elle retourne ensuite dans les bains, de sorte qu'il n'y a aucun déchet, les eaux mères étant supprimées, la même eau sert constamment de véhicule dans la fabrication.

Il n'est nécessaire de vider complètement les bains, pour nettoyage et renouvellement des électrodes, qu'à de longs intervalles. L'hydrogène qui prend naissance dans l'électrolyse, par suite de réactions secondaires (100 mètres cubes par tonne de chlorate), se dégage en bulles qui entraînent mécaniquement un peu de liqueur ; il en résulte que l'air qui s'échappe, par les bouches de ventilation du local, produit sur la toiture une pellicule blanche de chlorate de potasse.

Le brevet suivant doit être considéré comme un perfectionnement du procédé de Gall et de Montlaur. La *Société d'électro-chimie* (brev. franç. n° 242.073, *Monit. scient. Quesnev* 1895, brev. 170), dans le but de remédier aux difficultés qui se produisent dans la fabrication électrolytique des chlorates et à l'insuffisance des rendements, met immédiatement une quantité suffisante d'alcali à la disposition de l'acide chlorhydrique formé à l'anode. Dès le début de l'opération on ajoute une quantité de base qui correspond à 200 centimètres cubes d'alcali normal pour 1000 centimètres cubes de solution. Dans ces conditions le chlore est immédiatement absorbé, l'oxygène qui prend naissance à l'anode n'est formé que par les réactions secondaires. Cette addition d'alcali détermine en outre la précipitation de l'oxyde de fer et d'autres impuretés. Afin d'éviter la réduction du chlorate par l'hydrogène naissant, et pour tirer le plus grand parti possible du métal de l'anode, on emploie pour les anodes des feuilles de platine aussi minces que possible, on donne aux cathodes une forme coudée qui leur permet de recevoir le courant sur les deux côtés de l'anode ; elles sont entourées d'un manchon d'amiante, ou d'une autre substance analogue, qui a pour but de « canaliser » l'hydrogène et de l'empêcher d'entrer en contact avec le chlorate.

Gibbs et **Franchot** (brev. angl. n° 4.869, 1893, *Monit. scient. Quesnev* 1893, brev. 227, 1894, brev. page 161) produisent du chlorate alcalin en électrolysant le chlorure de potassium dans une cellule contenant une cathode en oxyde de cuivre, jusqu'à ce que la moitié du chlorure soit convertie en chlorate. On soutire ensuite la solution, on la fait refroidir et cristalliser. La cathode est retirée de la cellule, lavée, séchée, et le cuivre est réoxydé dans un courant d'air, à la température du rouge ; on la replace ensuite dans la cellule. On ramène l'eau mère de la cristallisation à la concentration primitive, par addition de chlorure de potassium, elle retourne à l'électrolyse.

Spilker et **Lœwe** (brev. all. n° 47.592, voyez page 74) préparent également du chlorate de potasse et de l'alcali par le procédé suivant : la cathode cuve, en fer, est remplie avec une solution très étendue de chlorure de potassium ; le récipient en poterie qui contient les anodes en charbon et qui est placé dans la cathode cuve, reçoit une solution de chlorure de potassium, saturée de chaux. Si on introduit continuellement une solution de chlorure de potassium à la partie supérieure du récipient en poterie, on pourra faire couler, au moyen d'un siphon, par le fond de ce même récipient, une liqueur renfermant de l'hypochlorite de chaux et du chlorure de calcium, tandis qu'une lessive de potasse caustique s'écoulera toujours à la partie inférieure de la cathode cuve. La première lessive se rend dans un récipient rempli de chaux qui se dissout à l'état d'oxychlorure de calcium dans la solution renfermant du chlorure de calcium ; elle retourne ensuite dans le récipient en poterie pour s'y enrichir en hypochlorite ; on continue de cette manière jusqu'à ce qu'il ne reste plus en solution qu'un faible excès de chlorure de potassium nécessaire pour la conduite du courant. Lorsque la circulation de la liqueur est suffisamment rapide, il ne se produit aucune odeur de chlore. A la température de 40°, au lieu d'hypochlorite de calcium, il se forme du chlorate qui, par double décomposition avec le chlorure de potassium, est immédiatement transformé en chlorure de calcium et chlorate de potasse. Lorsque la liqueur des anodes est suffisamment enrichie en ce dernier sel, elle est évaporée et amenée à cristallisation en vue de l'obtention du chlorate solide, tandis que la solution de la cathode est traitée pour en retirer la potasse caustique.

D'après un nouveau brevet de **Spilker** (n° 73.221), les anodes sont formées de baguettes alternantes de charbon et de plomb, reliées ensemble par un conducteur. (*Monit. scient. Quesn.* 1893, brev. 225.)

Dans la pratique de ce procédé, la tension s'est élevée de 0,8 à 1,8 Volts, d'après *Zeit. f. Angew. Chem.* 1894, 89 ; à partir de cette limite, elle n'a plus augmenté sensiblement (pendant une marche de plusieurs mois), la polarisation produite par les gaz était donc insignifiante. Le rendement en chlorate de potasse n'a atteint, au début, que le tiers environ du rendement théorique, soit 0,25 gr. par Ampère heure, mais après une marche de 36 heures il s'est élevé à 95 p. 100 du rendement théorique et est ensuite resté stationnaire. Le plomb des anodes s'est trouvé recouvert d'une couche blanche de chlorure de plomb qui, plus tard, s'est peu à peu transformé en une couche peu consistante d'oxyde de plomb (oxyde puce), le charbon s'est aussi recouvert d'une pellicule d'oxyde de plomb, très adhérente dans ce cas.

Après une marche de plusieurs mois, le charbon fut trouvé intact, le plomb seul était rongé. On trouva dans la boue calcaire une notable proportion d'oxyde de plomb. Il en résulte qu'aussi

longtemps que l'anode était recouverte de chlorure de plomb, la
tension était plus faible que plus tard, lorsque le chlorure de plomb
a été transformé en oxyde ; mais en même temps le rendement en
chlorate de potasse augmentait progressivement jusqu'à se rapprocher de la limite théorique. La polarisation due au gaz est annulée
aux dépens du plomb qui est peu à peu détruit.

Hurter (brev. angl. n° 15.396, 1893) électrolyse le chlorure de
potassium dans un récipient métallique qui sert de cathode et qui
est revêtu intérieurement d'un mélange de ciment portland, de sel
et de sable ; après lessivage du sel, ce mélange constitue un diaphragme poreux. Les anodes sont des feuilles de platine qui sont
suspendues dans le milieu de chaque récipient. On superpose plusieurs récipients en séries, l'un au-dessus de l'autre, et on les isole
les uns des autres. Dans le fond du réservoir supérieur on fait
couler une solution de chlorure de calcium contenant de la soude
caustique qui se déverse ensuite, par un tube non conducteur, de la
surface du liquide dans le fond du récipient voisin, puis de la surface de celui-ci dans le fond du récipient suivant et ainsi de suite
jusque dans le dernier récipient de la série. La liqueur est maintenue à la température nécessaire pour la formation du chlorate, par
chauffage à l'aide d'un serpentin de vapeur (comment se trouve-t-il
isolé ?) ou bien par le courant lui-même, employé sous une densité
élevée.

Jobard (brev. fr. n° 209.354) se propose de préparer par l'électrolyse du chlorate de potasse et en même temps de l'étain ; tous les
frais de la fabrication doivent être couverts par les produits acces-
soires ! On prépare une solution concentrée et neutre de chlorure
d'étain, on ajoute du chlorure de sodium et on électrolyse dans une
cuve en ciment, avec des anodes en graphite et des cathodes en tôle
de fer étamée. Le passage du courant détermine le dépôt de l'étain
sous forme cristallisée, le chlore est mis en liberté et est dirigé
dans un appareil dans lequel on l'utilise pour la fabrication du chlorate de potasse. La perte en métal, dans le cas le plus favorable, ne
dépasse pas 10 p. 100 de la quantité contenue dans le chlorure ; le
rendement en chlorate de potasse est inférieur de 25 p. 100 à celui
qui correspond théoriquement au chlore mis en liberté par l'électrolyse (cette méthode ne constitue par conséquent en aucune façon
un procédé de fabrication électrolytique du chlorate de potasse, elle
s'applique plutôt, d'une manière générale, à la production du chlore
que l'on peut utiliser de toute autre façon. L'inventeur seul pourrait
expliquer comment on peut, par ce procédé, obtenir le chlore sans
frais, alors que lui-même indique une perte de métal s'élevant
à 10 p. 100.)

Cutten (brev. americ., n° 480.492 et 490.493, *Chemick. Zeit*, 1892, 1781, *Monit. scient. Quesnev.*, 1892, brev. 365) soumet à l'électrolyse du chlorure de magnésium en présence de chlorure de potassium mélangé à de la chaux ou de la magnésie, avec agitation de l'électrolyte. Ce mélange est introduit dans le compartiment de l'anode, le chlorure de magnésium dans celui de la cathode, séparé du premier par un diaphragme. Il y a formation de chlorate de potasse à l'anode et de magnésie à la cathode.

Blumenberg (brev. angl., n° 9.129, 1894), isole le compartiment de l'anode et le fait communiquer à l'aide d'un tube, par sa partie supérieure, avec le fond du compartiment de la cathode, le chlore qui se dégage à l'anode vient alors former du chlorate à la cathode, cette formation est favorisée par une température d'environ 49°. Le chlorate se dégage dans un récipient spécial qui communique avec le compartiment de la cathode au moyen d'un tube muni d'une soupape.

Au sortir de ce récipient, l'eau mère est pompée dans un autre réservoir, où elle se sature de nouveau au contact du chlorure de potassium, et retourne ensuite dans le compartiment de l'anode. D'après le brevet allemand n° 80,395, le chlore développé à l'anode, n'est toutefois pas envoyé directement dans le compartiment de la cathode, mais est emmagasiné dans un gazomètre, d'où il est dirigé dans un récipient spécial, rempli avec la liqueur de la cathode dans laquelle il vient s'absorber : La pression, dans le compartiment de l'anode doit être supérieure à la pression atmosphérique et égale à la pression ordinaire dans le compartiment de la cathode.

Une fabrique assez importante a été installée en 1896, aux chûtes du Niagara, d'après le procédé de Blumenberg ; elle dispose provisoirement de 400 chevaux, qui doivent produire journellement 1000 kilog. de chlorate de potasse (?). Entre l'entrée de la solution de chlorure de potassium dans les appareils et la sortie du produit fabriqué, il ne doit s'écouler qu'un intervalle de vingt-quatre heures.

Gall et de **Montlaur** (brev. franc., n° 240.698, *Monit. scientif. Quesnev.*, 1895, brev. 122) préparent le chlorate de soude de la manière suivante : On fait passer, dans la solution électrolysée de chlorure de sodium, des gaz de combustion soigneusement lavés, contenant 10-20 p. 100 d'acide carbonique, jusqu'à ce que la totalité de l'hydrate de soude ait été transformée en carbonate. Par évaporation de la solution, le sel et la majeure partie du carbonate de soude se précipitent. Ces deux produits retournent ensemble dans la fabrication, après que le carbonate de soude ait été retransformé par la chaux en soude caustique (le chlorate de sodium est sans doute obtenu par évaporation ultérieure de la solution, débarrassée de chlorure de sodium et de carbonate de soude).

La Société **Elektricitaets Actiengesellschaft**, anciennement *Schuckert et Cie* (brev. all., n° 83.586, *Monit. scient. Quesn.*, 1895, brev. 197, *ibid.* 1896, brev. 29) propose de remédier à plusieurs inconvénients et d'augmenter notablement le rendement en chlore en évitant la présence de l'alcali caustique à l'anode et en fournissant l'alcalinité nécessaire à l'aide de carbonates. On électrolyse une solution de chlorure de potassium, saturée à la température ordinaire et additionnée de 2 à 3 p. 100 de bicarbonate de potasse, l'opération se fait dans des vases en grès ou en fer. Les électrodes sont en charbon ou en platine (le charbon n'est pas attaqué par les alcalis carbonatés), on introduit simultanément de l'acide carbonique. La température doit être maintenue entre 40° et 100° et la densité du courant entre 500 et 1000 ampères par mètre carré. La production de chlorate atteint son maximum dès le début de l'opération, elle diminue ensuite progressivement ; il faut par conséquent interrompre le procédé de temps à autre, soutirer la solution et la laisser refroidir ; la majeure partie du chlorate de potasse cristallisée, l'eau mère retourne dans la fabrication. Lorsqu'on veut préparer du chlorate de soude, la liqueur est concentrée par évaporation, le chlorure de sodium qui se sépare est péché et sert à la préparation d'une solution fraiche, destinée à l'électrolyse. Le chlorate de soude cristallise par refroidissement de l'eau mère.

Kellner (brev. franç., n° 252,283), en vue de la production électrolytique des chlorates alcalins, mélange la solution de chlorure avec un oxyde hydraté peu soluble tel que la chaux ou la magnésie hydratée que l'on maintient en suspension dans l'électrolyte pendant l'électrolyse. Celle-ci s'effectue sans emploi de diaphragme. La dissolution de chlorure est additionnée de 1 à 3 p. 100 de chaux hydratée et maintenue en agitation constante pendant toute la durée du passage du courant.

Le chlore mis en liberté réagit sur la chaux, et le sel ainsi formé réagit lui-même sur la potasse qui se forme au pôle négatif.

Haeussermann et **Naschold** (*Chem. Zeit.*, 1894, p. 857, *Monit. Scient. Quesnev.*, 1895, p. 926), ont publié des recherches de laboratoire relatives à la production électrolytique du chlorate de potasse. L'électrolyseur était une caisse rectangulaire en fer qui servait en même temps de cathode et qui renfermait une cellule en porcelaine poreuse de Pukall (Voir chap. VII) dans laquelle on introduisait une anode en charbon de cornue ou en platine. Le compartiment de l'anode avait une capacité de 500 cc., celui de la cathode de 1 litre. Le courant était fourni par un dynamo, sa force électromotrice était de 110 V., son intensité était ramenée à 5 ampères, par l'interposition de résistances. La durée de chaque expérience a été de trois heures, on a donc constamment employé 15 ampères-heures dont chacune devait fournir théoriquement 0,75 grammes $KClO^3$ ou 0,208 grammes KOH. On obtint le résultat le plus favorable en faisant couler dans le compartiment de l'anode une solution de potasse à 30 p. 100, de manière à ce que la liqueur présente toujours une réaction franchement alcaline et qu'il ne puisse se dégager de chlore libre. Les anodes en charbon étant fortement attaquées par le chlore en solution alcaline, on a employé une feuille de platine de 105 $\times$ 100 millimètres qui correspondait à une densité de courant de 0,024 A. par décimètre carré. La tension dans le bain était en moyenne de 4 V., une ampère-heure a fourni 0,5 grammes chlorate de potasse, soit 67 p. 100 du rendement théorique et, en outre 1,6 grammes d'hydrate de potasse à la cathode, soit 80 p. 100 du rendement théorique. La liqueur de la cathode contenait dans 100 cc. 7,8 grammes de chlorure de potassium indécomposé pour 2,6 grammes d'hydrate de potasse.

D'autres essais, dont le résultat a été moins favorable, ont démontré que l'oxygène libre qui se produit à l'anode, par suite de l'électrolyse de l'hydrate de potasse, ne peut pas oxyder directement le chlorure de potassium et que la production du chlorate de potasse doit bien plutôt être attribuée uniquement à la réaction secondaire qui intervient entre le chlore et l'hydrate de potasse. Par conséquent la liqueur de l'anode doit toujours contenir approximativement cinq molécules KCl pour un molécule $KClO^3$, en négligeant les légères variations occasionnées pour la diffusion à travers la faible proportion d'hypochlorite réduite par le courant.

Le maximum du rendement en chlorate a été obtenu lorsque la liqueur de l'anode restait constamment légèrement alcaline, ce qui s'obtient par une lente diffluence de la lessive de potasse caustique, lorsque cette liqueur est fortement alcaline ou fortement acide, la quantité de chlorate produite par ampère-heure diminue. Le rendement en chlorate est peu influencé par la densité du courant, la température et la concentration de l'électrolyte, toutefois une élévation de la température et de la concentration a pour conséquence une notable diminution de la tension, par suite du travail dépensé. Pour cette raison on doit employer des solutions de chlorure de potassium concentrées et chauffées à 80°. Le platine est la substance la plus convenable pour les anodes, on pourrait toutefois les façonner en plomb, en peroxyde de plomb ou en substances analogues. On peut remplacer la lessive de potasse pure par la solution de chlorure de potassium et d'hydrate de chaux qui se forme à la cathode et que l'on introduira peu à peu dans le compartiment de l'anode par un moyen convenable, après avoir remplacé le chlorure de potassium effectivement consommé.

Le chlorate de potassium peut facilement être retiré de la solution de l'anode par évaporation et cristallisation, mais il faudra éliminer par un lavage et une nouvelle cristallisation le chlorure de potassium qui a cristallisé en même temps. Les auteurs ne se prononcent pas sur la question de savoir si ce procédé sera plus économique que la préparation du chlorate par la méthode ordinaire, en employant le chlore produit électrolytiquement. En tout cas, dans leur opinion, il n'est applicable que lorsqu'on emploie des diaphragmes n'opposant qu'une faible résistance au passage du courant et inattaquables par le chlore et les alcalis.

Oettel (*Zeit. f. Elektrotechnik et Elektrochemie*, 1894, 854) a également publié des recherches sur la production électrolytique des hypochlorites et des chlorates.

Il fait remarquer que, d'après l'équation de formation de ces composés, suivant laquelle des molécules égales de potasse caustique et de chlore agissent l'une sur l'autre, il est préférable d'opérer sans membrane et effectivement les membranes ont été supprimées dans ses essais.

L'auteur a, dans ses recherches, attaché une grande importance à l'analyse des gaz et il a notamment comparé la composition du gaz tonnant qui se produit dans un voltamètre intercalé dans le circuit du courant, avec celle du gaz qui prend naissance dans la cellule de décomposition elle-même et qui ne devrait effectivement être composé que d'hydrogène, mais qui contient en réalité aussi un peu de chlore (qui se dégage au début de l'électrolyse) et d'oxygène (produit par l'électrolyse secondaire de l'hypochlorite ou du chlorate). Si par exemple on a obtenu 60 cc. de gaz tonnant dans le voltamètre, ce volume correspond à 40 cc. hydrogène + 20 cc. oxygène; d'autre part si on a recueilli en même temps dans la cellule de décomposition 32 cc. d'un mélange gazeux formé de 30 cc. hydrogène, 1,6 cc. oxygène et 0,4 chlore on peut en tirer la conclusion suivante : il faut retrancher des 30 cc. d'hydrogène le volume d'hydrogène qui correspond à l'oxygène et au chlore et qui est inutilisé, soit $30 - (3,2 + 0,4) = 26,4$ cc. Ce volume correspond au rendement réel du courant qui est par conséquent de $\frac{26,4}{40} = 66.0$ p. 100.

Le déficit en hydrogène $40 - 30 = 10$ représente l'hydrogène consommé inutilement dans la réduction de l'hypochlorite, ce qui occasionne une perte de $\frac{10}{40} = 25$ p. 100 dans le rendement du courant. Le complément de la perte (9 p. 100) incombe à la formation de l'eau dans la proportion de $\frac{3,2}{40} = 8$ p. 100 et à la formation du gaz tonnant chloré dans celle de $\frac{0,4}{40} = 1$ p. 100.

Oettel a d'abord effectué ses recherches à la température de l'appartement et avec une dissolution de chlorure de potassium à 20 p. 100, il avait surtout en vue la production de l'hypochlorite, la densité de courant employée variait entre 146 et 1.460 ampères par mètre carré, aussi bien à la cathode qu'à l'anode. Les pertes par réduction étaient très considérables, de sorte que le rendement du courant tombait parfois à 17 p. 100; une faible densité de courant à la cathode exerce notamment une influence nuisible. L'auteur a obtenu les meilleurs résultats lorsque la densité du courant était très élevée (1460 A par m² à chacune des électrodes), soit en moyenne un rendement de 55 p. 100, toutefois avec tendance à ne se maintenir qu'à 30 p. 100. A côté de l'hypochlorite il se produisait toujours aussi du chlorate. La concentration la plus élevée qu'il a été possible d'obtenir correspond à une teneur de 12 gr. 7 de chlore actif par litre, dès que cette limite est atteinte, le passage ultérieur du courant détermine la formation de chlorate.

Le chlorate lui-même n'est presque pas décomposé par le courant, pas même à la température de 75°, car il est en général très stable en solution alcaline. Les grandes pertes que l'on constate sous forme d'un dégagement d'oxygène libre sont dues uniquement à décomposition de l'hypochlorite qui, ainsi que les essais l'ont démontré, n'est en lui-même que très imparfaitement transformé en chlorate même par une ébullition prolongée. Pour réaliser cette transformation, il est nécessaire que le chlore libre agisse sur l'hypochlorite, dans ce cas il se produit de l'acide hypochloreux comme produit transitoire. (L'explication donnée ici par Oettel de la formation des chlorates est absolument celle que j'ai indiquée moi-même dans la première édition de mon « traité de fabrication de la soude ».)

Par conséquent on peut expliquer le procédé de la manière suivante : l'électrolyse donne d'abord naissance à de la potasse caustique et à du chlore qui se combinent pour former de l'hypochlorite de potassium. L'hypochlorite est entraîné par la circulation de la liqueur vers la cathode où une notable partie de ce sel se trouve réduite à l'état de chlorure de potassium. La quantité restante s'accumule dans la solution jusqu'à ce que la liqueur atteigne une concentration maxima de 17 grammes KOCl (= 13 grammes chlore actif) par litre. Le chlore formé à l'anode réagit sur cette quantité d'hypochlorite pour former du chlorate et est lui-même régénéré; il en résulte que les deux conditions suivantes doivent être réalisées: 1° il faut, pour éviter la réduction, tenir l'hypochlorite éloigné de la cathode; 2° tant que l'hypochlorite n'est pas converti en chlorate, on ne doit pas amener à l'anode de nouvelles quantités d'hydrate de potasse.

Ces deux conditions sont remplies dans le procédé Gall et de Montlaur, la première par l'emploi d'une membrane: toutefois, dans ses essais de laboratoire, Oettel a obtenu un rendement de 32,5 p. 100, même en l'absence d'une membrane. L'auteur ne se prononce pas sur la question de savoir si l'on peut, par ce procédé, obtenir le même rendement que dans l'ancienne méthode de fabrication par le chlore et un lait de chaux. L'emploi du platine est indispensable pour les anodes. Le charbon est rapidement détruit et en même temps communique au chlorate de potasse une coloration très tenace.

D'après de nouvelles recherches d'*Oettel* (*ibid.* page 474), lorsqu'on soumet à l'électrolyse des solutions fortement alcalines, il y a production directe de chlorate de potasse sans qu'il se forme de l'hypochlorite comme produit intermédiaire, il en résulte que l'action réductrice nuisible du courant est presqu'annulée. Cette réaction donne lieu à une très violente décomposition de l'eau, par conséquent à une production d'oxygène. Le cas le plus favorable paraît être celui dans lequel le courant est employé dans la proportion de 30 p. 100 à la décomposition de l'eau et dans celle de 70 p. 100 à la formation du chlorate.

Lorsqu'on élève la teneur en alcali à 4 p. 100 KOH, 0,5 p. 100 seulement du chlorate sont réduits et la liqueur finale ne contient que 5 p. 100 de chlore actif pour 95 p. 100 de chlore sous forme de chlorate. L'augmentation de la température agit dans le même sens que l'augmentation de la teneur en alcali, toutefois dans ce cas la décomposition de l'eau est plus forte, et par conséquent le rendement total du courant diminue. La densité du courant doit être très élevée à la cathode, car l'action réductrice du courant augmente d'intensité lorsque sa densité est plus faible. Lorsque la densité du courant diminue à l'anode, la décomposition de l'eau augmente.

Les trois facteurs: alcalinité, température et densité du courant sont entre eux dans un rapport tel que deux de ces facteurs étant déterminés, le rendement obtenu en chlorate sera toujours également avantageux, si on détermine judicieusement le troisième facteur. Si, par exemple, on doit opérer à froid avec une forte densité de courant, il faut que la lessive soit très alcaline; d'autre part, si l'on doit employer une lessive chaude, faiblement alcaline, il faudra réduire la densité du courant à l'anode, etc. Il est toujours bien préférable de provoquer la formation directe du chlorate par une addition d'alcali. Les pertes d'électricité par réduction n'étant guère occasionnées que par la présence de l'hypochlorite et la production de ce composé étant très faible dans une solution alcaline, on pourra éviter dans ce cas l'emploi d'un diaphragme. De toute façon, il est nécessaire d'employer des anodes en platine, et dans ce cas la densité du courant à l'anode devra être élevée. Si l'on admet une tension de 3,5 V. dans les bains et un rendement du courant de 52 p. 100, la production de chlorate de potasse sera de 84 gr. 14 par heure et par cheval effectif compté à 736 A, c'est-à-dire que la production de 1 kilogr. KClO^3 exige une dépense de force de 11.1/3 chevaux heures effectifs.

Le chlorate de soude s'obtient en général de la même manière que le chlorate de potasse; toutefois la formation du chlorate est favorisée par la présence de la soude caustique d'une manière encore plus sensible que par celle de la potasse caustique, d'un autre côté la décomposition de l'eau est plus intense, car le chlorate de soude ne se dépose pas et son accumulation dans la liqueur a pour conséquence de le faire participer dans une plus forte proportion à la conduite du courant. Le chlorate de chaux se comporte d'une manière toute différente; dans ce cas, le rendement du courant peut atteindre 87 p. 100.

La fabrication électrolytique du chlorate de potasse est un fait accompli. Ainsi que nous l'avons indiqué page 115, la Société française qui exploite les brevets Gall et de Montlaur, possède depuis plusieurs années, à Vallorbes, une installation qui comporte une force de 3.000 chevaux, à laquelle vient s'ajouter une nouvelle installation, créée par la même société, à Saint-Jean de Maurienne, en Savoie, et qui sera notablement plus considérable.

La fabrique de produits chimiques de Mansbo, dans la province de Dalarme, en Suède, a créé une installation pour la fabrication du chlorate de potasse auprès d'une chute qui fournit 4.000 chevaux; actuellement huit turbines, d'une force de 220 chevaux chacune, sont en fonctionnement; elles sont directement accouplées sur les dynamos. Les machines travaillent normalement avec une tension de 115 V. et fournissent 1.200 A.

D'autres installations encore existent ou doivent être créées dans différents endroits; toutefois, nous ne pouvons donner de renseignements précis à cet égard.

Kellner (brev. all.; n° 90.060) et la Société d'électricité par actions, autrefois **Schuchert et Cie** (brev. n° 83.536(, ont encore breveté de nouveaux procédés pour la fabrication des chlorates alcalins.

CHAPITRE VII

Dispositifs spéciaux concernant les électrodes et les diaphragmes.

Nous avons décrit, dans les chapitres précédents, un grand nombre de dispositifs spéciaux concernant les électrodes et les diaphragmes ; ils constituent, dans bien des cas, la partie essentielle dans l'invention de l'appareil auquel ils se rapportent. Tout en renvoyant le lecteur à ces chapitres précédents, nous allons résumer dans celui-ci un certain nombre de propositions ayant pour objet la fabrication d'électrodes ou de diaphragmes qui ne s'appliquent pas exclusivement à un appareil particulier.

Electrodes.

Dans la plupart des cas, ce sont les anodes qui présentent le plus de difficultés car il se dégage à leur surface du chlore qui les attaque fortement, ce qui exclue dès l'abord l'emploi d'un grand nombre de matières pour leur construction. Très généralement on emploie une variété de charbon dont la résistance à l'action détériorante du chlore varie toutefois considérablement. La substance charbonneuse conduit l'électricité d'autant mieux et est en même temps d'autant moins attaquable par le chlore que sa compacité est plus grande ; c'est pour cette raison qu'on emploie le plus fréquemment la substance que nous avons désignée sous le nom de « graphite des cornues », et qui provient de la fabrication du gaz d'éclairage. Toutefois, on trouve aussi dans le commerce des charbons artificiels qui sont parfois très résistants.

L'oxygène qui se dégage à la surface des anodes en charbon et qui a pris naissance par suite des réactions secondaires, ou de toute autre manière, paraît exercer sur leur substance une action encore plus nuisible que le chlore, à tel point que l'acide carbonique, qui se forme dans ce cas, rend parfois le chlore trop impur pour qu'il puisse servir à la fabrication du chlorure de chaux. Dans ce cas, il est nécessaire de soumettre ce gaz à une purification préalable, par exemple par la chaux ; il se produit alors un chlorure de chaux à bas titre, ce qui occasionne naturellement une très grande perte.

Fitzgerald et **Falconer** (brev. angl. n° 1.246, 1890) décrivent, sous le nom de « Lithanode », une forme particulière d'anodes qui doit remplacer le platine ou le charbon. Ces anodes ne sont pas attaquées par le chlore et ne s'émiettent pas par l'usage ; la substance dont elles sont formées est du peroxyde de plomb, et elles conviennent spécialement pour la décomposition du chlorure de magnésium et du chlorure de calcium. Le brevet n° 9.799, 1892 (voyez page 75) est relatif à leur emploi dans ce but.

L'anode de **Henneton** (brev. all. n° 68.318) se compose d'un cadre isolé par rapport au bain, formé d'une substance bonne conductrice de l'électricité qui sert à conduire le courant, et de fils, également en matière inattaquable, bonne conductrice, fixés dans le cadre et qui déterminent la surface de l'anode. Le cadre est recouvert de gutta-percha, de verre ou d'une substance analogue.

Richardson (brev. angl. n° 19.953, 1892) fait subir au charbon des cornues destiné à former les anodes la préparation suivante : on trie des morceaux de grosseur à peu près égale et, si cela est nécessaire, on les concasse grossièrement avec un marteau. Ensuite on les entaille ou on les creuse de manière à leur permettre de recevoir une combinaison métallique qu'on leur applique en coulant aux points de contact du plomb qui se contracte en se refroidissant et assure un contact intime entre le métal et le charbon. Le brevet donne les dessins de diverses combinaisons.

Liveing (brev. angl. ; n° 3.743 et 3.744) débarrasse le charbon des cornues des hydrocarbures qu'il contient en le recuisant dans un courant de chlore. Il forme les anodes en plaçant les fragments de charbon des cornues sur un châssis formé d'un tamis ou d'une grille en matière non conductrice telle que l'ardoise ; le compartiment de l'anode est fermé à sa partie supérieure, son couvercle est traversé par des baguettes de charbon, serrées dans des presse-étoupe, qui pénètrent jusqu'à la couche de charbon disposée sur le châssis. Ces baguettes étant sujettes à s'user à leur extrémité, on les dispose de façon à ce qu'elles puissent être enfoncées vers le bas dans leur presse-étoupe, à l'aide d'un ressort ou sous l'action d'un poids.

Castner (brev. angl. ; n° 19.809, 1893) chauffe le charbon des cornues à l'aide du courant électrique ; on empêche sa combustion en le noyant dans du charbon de bois pulvérisé ou toute autre matière. Un courant de 350 à 500 ampères porte en quelques minutes une baguette de charbon de 25×25 millim. à la température du rouge blanc éblouissant. Dans ces conditions, le charbon des cornues laisse dégager un peu de gaz combustible, il subit une diminution de poids qui atteint 3 à 7 p. 100 de son poids primitif, se gonfle légèrement et son pouvoir conducteur pour l'électricité se trouve augmenté.

Girard et Street (brev. all.; n° 78.926) emploient un procédé analogue pour augmenter la résistance (aux agents chimiques) des électrodes en charbon : ils les chauffent dans l'arc électrique pour les transformer superficiellement en graphite.

F. M. Lyte (brev. all.; n° 73,364, voyez page 100; *Monit. scient., Quesnev.*, 1894, brevets page 45) a breveté une électrode en charbon creux contenant un noyau métallique liquide. Le charbon est façonné en forme de tube, fermé à son extrémité inférieure; il renferme un noyau métallique en plomb, étain, ou en un autre métal ou alliage fusible à une température égale ou inférieure à la température de fusion de l'électrolyte, mais qui n'est pas suffisamment élevée pour que le métal puisse se volatiliser. Lorsqu'on électrolyse du chlorure de plomb, c'est le plomb qui convient le mieux. On plonge dans le noyau fondu une tige en métal difficilement fusible (cuivre ou fer) qui s'engage librement dans l'ouverture supérieure du charbon afin d'éviter que, par suite de l'élévation de température cette tige métallique, en se dilatant, ne vienne exercer une pression sur le plomb; on fixe sur cette tige la borne qui relie l'électrode avec le conducteur du courant.

Uelsmann avait déjà proposé antérieurement l'emploi du ferrosilicium pour les cathodes des éléments de Bunsen qui doivent résister à l'action de l'acide azotique. L'emploi de cette substance a été breveté pour les anodes par **Hœpfner** (brev. all.; n° 68.748) en remplacement du charbon ou du platine. On forme les électrodes en moulant ou en façonnant le ferrosilicium, ou bien on le dépose électrolytiquement sur le charbon, le fer, etc. La description de ce dernier procédé fait l'objet du brevet alllemand n° 77.881 (*Monit. scient., Quesnev.*, 1894, brev. 134).

Une fritte siliceuse est soumise à l'action du courant électrique, à une température voisine de celle de la fonte en fusion, l'anode est formée d'une baguette de charbon, la cathode d'une baguette de fer. Cette dernière se recouvre d'un enduit contenant du silicium qui est bon conducteur du courant et la baguette peut alors servir d'anode, inattaquable aux acides.

Parker et Robinson (brev. angl. n° 6.007, 1892, *Monit. scient. Quesnev.*, 1893, brev. 305) ont proposé, pour les anodes, l'emploi du phosphure de chrome pur ou mélangé à du charbon.

Richardson et Holland (brev angl., n° 2,296, 1890, 19,704, 1894, voyez page 47), de même que **Gibbs et Franchot** (brev. angl. n° 4.869, 1893, voyez page 117; *Monit. scientif. Quesnev.*, 1893. brev. 275) emploient des cathodes oxydantes en oxyde de cuivre.

Shrewsbury, Marshall, Cooper et Dobell (brev. angl. 15.782 1894) mélangent dix parties d'anthracite et quatre parties de charbon bitumineux avec du goudron ou avec un mélange de goudron et de poix en proportion telle que la matière qui en résulte se contracte sous l'influence de la chaleur. La matière est moulée dans des presses et desséchée, elle est ensuite exposée progressivement à une température très élevée qui atteint le rouge blanc.

Blackmann (brev. angl. 11,016, 1895, *Monit. scient. Quesnev.*, 1896, brev. 75) emploie comme anodes, pour la préparation des liqueurs de blanchiment, les minéraux connus sous le nom de magnétite (Fe^3O^4) ou d'ilménite ($FeTiO^3$) dont la durée est presque illimitée.

Hessel (brev. all. n° 85,010) recommande l'emploi de cathodes consistant en fils métalliques de faible diamètre, entre lesquels on fait circuler l'électrolyte, les bulles d'hydrogène, qui n'adhèrent que très faiblement aux fils métalliques, sont entraînées par la circulation de la liqueur et la polarisation se trouve ainsi évitée.

Kellner (brev. all. n° 85.818) prépare les électrodes en disposant un système de fils de platine dans un cadre de caoutchouc durci.

Shrewsbury et Dobell (*Zeit. f. Elektrochem.*, II, 640) préparent de la manière suivante des électrodes conductrices à tous les degrés, depuis l'inconductibilité jusqu'à la conductibilité du graphité.

On pulvérise finement 10 grammes d'anthracite et 4 grammes de charbon bitumineux, on ajoute une assez grande quantité de goudron et de poix et on façonne le mélange, sous pression, dans des moules. La quantité de houille ou de poix à ajouter dépend du degré d'intensité de la pression. Pour une pression d'environ 1 kil. 500 par centimètre carré, il suffit, dans le mélange précédent, d'employer 9 p. 100 de goudron ou de poix.

La matière façonnée est ensuite portée dans des moules à la température du rouge. Lorsqu'on veut obtenir des corps non conducteurs (diélectriques) on chauffe à 800° environ et à 825° pour des substances dont le pouvoir conducteur doit être très élevé, pour l'obtention des électrodes destinées aux piles de Bunsen ou aux éléments Leclanché, il faut chauffer pendant quatre heures à 875°. Les plaques pour l'électrolyse sont chauffées dans leur moule jusqu'à une température de 1000°, elles sont ensuite retirées, noyées dans de la cendre et portées à la température de 375°.

Lorsqu'on a moulé sous une pression élevée (20 atmosphères) la matière peut être de suite retirée des moules, desséchée dans un séchoir, puis calcinée à volonté.

Hoepfner (brev. all., n° 89,782), décrit des électrodes en charbon artificiel munies, sur l'une ou sur leurs deux faces, d'entailles qui s'élargissent à l'intérieur des électrodes en forme de queue d'aronde. Les faces extérieures sont rendues inactives à l'aide d'un vernis, de telle sorte que seule la surface interne des entailles puisse agir électrolytiquement. On dispose un très grand nombre de ces plaques l'une au-dessus de l'autre et dans les intervalles entre deux plaques on intercale des membranes, du carton d'amiante par exemple. Le tout est serré à l'aide de chevilles de manière à former un récipient dans lequel la liqueur circule à travers les canaux intérieurs formés par la rencontre de deux entailles.

Dans un brevet suivant (n° 89,980), le même inventeur préconise l'emploi de diaphragmes en mica.

Les brevets suivants, qui ont déjà été mentionnés, décrivent des formes particulières d'électrodes : Greenwood, page 44 ; Rieckmann, page 51 ; Craney, page 54 ; Roubertie, page 55 ; Faure, page 56 ; Union chemical Company, page 57 ; Hargreaves et Bird, page 58 ; Drake, page 61 ; Parker, page 76 ; Kellner, page 76 ; Hermite, page 80 ; Atkins et Applegarth, page 80 ; Andréoli, page 110 ; Gall et de Montlaur, page 115 ; Spilker, page 117 ; Vautin, pages 91 et 96 ; Knoefler et Gebauer, page 111 ; Hulin, pages 61 et 98.

Diaphragmes.

Roberts et **Mac Graw** (brev. angl., n° 20.111, 1890) préparent des diaphragmes en amiante de la manière suivante : un carton d'amiante est recouvert, sur ses deux faces, d'un tissu d'amiante, le tout est entouré de toile et exposé pendant vingt-quatre heures à l'action de l'acide chlorhydrique à 12° Baumé, exprimé et roulé dans l'acide, lavé complètement à l'eau et aplati en feuilles.

Waite (brev. angl., n° 2.586, 1893) prépare des diaphragmes en dissolvant de la gélatine ou de la colle de poisson dans la plus petite quantité d'eau possible, on ajoute du bichromate de potassium dans la proportion de 15 à 20 p. 100 du poids de la gélatine, on gâche la masse avec de l'amiante et on coule le tout en plaques. Le même procédé a été breveté par **Rieckmann** (brev. all., n° 71.378), qui fait observer que la gélatine bichromatée n'est en elle-même pas suffisamment visqueuse et ne peut être mélangée avec des fibres végétales ou animales, car celles-ci seraient trop rapidement détruites, mais on peut employer l'amiante qui résiste. On peut fixer la gélatine bichromatée par exposition au soleil ou au moyen d'un bain d'hyposulfite de soude.

Andréoli (brev. angl. n° 12,662, 1893) décrit des cloisons de séparation en amiante, en silice ou en porcelaine poreuse, serrées étroitement entre des cathodes en fer ou en charbon, les anodes sont en charbon des cornues. Dans le but de mettre les raccords métalliques de ces dernières à l'abri de toute corrosion, le charbon est consolidé dans une ouverture du couvercle à l'aide d'un mastic à base de litharge et, lorsqu'on a établi la communication avec le métal, on l'entoure avec de la ficelle que l'on recouvre d'une couche de paraffine.

Hargreaves et **Bird** (brev. angl. n° 18.039, 1892) préparent un diaphragme ou une cellule en faisant déposer sur la surface intérieure d'un récipient formé d'un tissu métallique ou d'une tôle perforée, une bouillie d'amiante, de fibres végétales ou d'autres matières analogues et en disposant par dessus cette première couche une deuxième couche constituée par une substance minérale telle que du ciment portland, de l'argile ou du silicate de soude. Le métal du récipient forme la cathode, la partie du diaphragme qui est directement en contact avec elle a été intentionnellement rendue poreuse, pour faciliter le dégagement de l'hydrogène.

Les mêmes inventeurs recommandent, dans leur brevet anglais n° 5.198, 1893, de faire déposer sur le tissu métallique, d'abord un mélange de chaux et d'amiante, on fait dessécher et on plonge ensuite le récipient dans une solution de silicate de soude qui détermine la formation d'un silicate insoluble, fortement adhérent à la toile métallique. Le brevet n° 14.131, 1893, préconise l'emploi du phosphate de soude à la place du silicate et décrit encore d'autres modifications apportées à la préparation du diaphragme.

Wiernik (marque déposée allemande n° 17.858 du 2 sept. 1893) emploie un tissu d'amiante en deux ou plusieurs couches superposées entre lesquelles on intercale, suivant les cas, des lits de faible épaisseur formés d'une matière poreuse opposant peu de résistance à la conduite du courant, telle que des fibres d'amiante, de la silice de Kieselguhr, du Kaolin, etc., que l'on fait adhérer par pression ou par tout autre moyen. Fig. 35 représente une vue en plan, fig. 36 une coupe de ce diaphragme. Il est formé par 3 couches de tissu d'amiante $a\,b\,c$ dont l'intervalle est garni en d et en e de fibres d'amiante disposées en couches minces, f est une garniture en toile ou matière analogue qui règne sur les bords du diaphragme. Ces diaphragmes ont une très faible épaisseur, ils sont par conséquent poreux et se laissent facilement traverser par le courant, en même temps ils sont absolument imperméables aux liquides et aux gaz, inattaquables et d'une longue durée, leur rigidité et leur solidité est également suffisante pour qu'il soit possible de les employer dans les dimensions exigées par la pratique et sans le secours de supports isolants.

Waite (brev. angl., n° 13.756, 1894), propose d'éviter les fuites d'hydrogène qui se produisent dans le compartiment de l'anode, à travers les diaphragmes en amiante reposant sur une cathode en toile métallique, en interposant une couche de sable qui préserve en même temps le diaphragme de l'action détériorante du chlore.

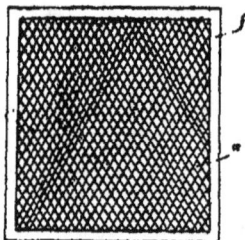  

Fig. 35. Fig. 36. Fig. 37.

Riquelle (brev. all., n° 76.704), prépare des cellules poreuses en plongeant un tissu d'amiante dans l'eau bouillante, puis en le recou‑vrant de tous côtés avec une bouillie de Kaolin ; on cylindre et on découpe en morceaux qui sont moulés tout d'une pièce sous forme d'un corps creux, et finalement calcinés dans un four à porcelaine.

La fabrique de matières colorantes, autrefois **Meister, Lucius et Bruning** (brev. all. n° 73.688), a proposé de garnir les dia‑phragmes osmotiques (en amiante), sur l'une ou sur leurs deux faces, avec des bandes en forme de persienne (fig. 37), formées d'une matière dense, non osmotique ; les bandes sont dirigées obli‑quement vers le haut, de manière que le point le plus bas de l'une d'elles ne se se trouve pas plus élevé que le point le plus haut de la bande voisine. Cette disposition préserve les plaques osmotiques contre l'action détériorante des produits gazeux de la décomposition, les bulles gazeuses étant repoussées vers la partie supérieure par les jalousies imperméables, on peut ainsi réaliser une séparation suffisante des produits de la décomposition au moyen d'un dia‑phragme d'une faible épaisseur, n'opposant que fort de peu résis‑tance au passage du courant. A représente le compartiment de l'anode, K celui de la cathode, P la plaque en amiante.

Le système préconisé par **Richardson** (brev. angl., n° 12.857, 1894) repose sur un principe entièrement semblable au précédent.

Kiliani, Rathenau, Suter et les établissements électriques de Berlin (brev. angl., n° 15.276, 1894) emploient pour la construction de diaphragmes résistant à l'action des alcalis et des acides des membranes perméables en papier parchemin, coton de verre, amiante, carton, etc., qui sont maintenues dans des cadres entre des barreaux de grille disposés parallèlement et formés d'une matière inattaquable par les acides, telle que le verre, la porcelaine, etc. Ces barreaux sont assujettis dans les cadres de forme carrée, ronde ou ovale, et logés dans des rainures ou des rigoles. Les membranes sont fortement tendues autour de ces cadres, elles sont fixées à l'aide de cadres intérieurs, formés de la même matière, au moyen de rondelles en caoutchouc ou par un tortis de ficelle (ce procédé a été breveté en Allemagne, par **Pieper**, sous le n° 78.732, *Zeitsch. f. angew. Chem.*, 1895, page 85 ; il est présumable que ces diaphragmes ont été mis en usage dans la nouvelle fabrique de la Société allemande d'électricité, à Bitterfeld.)

Rieckmann (brev. all., n° 80.454), propose de fabriquer des diaphragmes très résistants en recouvrant la cathode d'une couche très mince d'amiante (de toile ou de carton) sur laquelle repose un cadre en poterie rempli de sable fin, de sel ou d'une matière analogue, qui s'infiltre dans la couche d'amiante, en remplit les intervalles et la presse fortement contre la cathode, de manière à empêcher toute infiltration de gaz et tout déplacement du diaphragme. Il en résulte que l'hydrogène ne peut pénétrer dans le compartiment de l'anode et que, par conséquent, un mélange gazeux détonnant d'hydrogène et de chlore ne peut se produire.

Le même auteur (brev. all. ; n° 63.116, *Monit. scient., Quesnev.*, 1892, brev. page 136) prépare des diaphragmes à base d'albumine en versant une solution de 1 partie d'albumine du sang dans 2 parties d'eau à 30°, sur une plaque de verre préalablement enduite d'huile, qu'on recouvre avec une deuxième plaque semblable ; on coagule l'albumine en l'exposant, dans un séchoir, à l'action de la vapeur sèche et on retire ensuite les plaques. On obtient des diaphragmes plus épais en imbibant du papier avec une solution d'albumine que l'on fait coaguler (voir les diaphragmes de Le Sueur page 50).

Hargreaves et **Bird** (brev. all., n° 85.154), préparent sensiblement de la même manière des électrodes-diaphragmes.

Hœpfner (brev. all., n° 65.656) prépare des diaphragmes en recouvrant d'une couche de collodion du feutre, du papier, du cuir, etc. ; après lavage à l'eau, le diaphragme prend une consistance poreuse.

Le même auteur (brev. all. ; H 14.973, 1894, *Monit. scient., Quesnev.*, 1896, brev. page 7) a proposé l'emploi du mica pour les diaphragmes électrolytiques. Les plaques de mica sont perforées de fines ouvertures aussi rapprochées que possible et régulièrement disposées sur toute leur surface. Cette plaque, maintenue dans un châssis, constitue un excellent diaphragme ; pour former des diaphragmes de la dimension voulue, on tend un certain nombre de plaques semblables sur un châssis grillé.

Caldwell (brev. angl.; n° 21.631) propose d'employer pour les diaphragmes des cristaux du sel que l'on veut électrolyser et dont on forme une cloison verticale maintenue par des bandes horizontales en verre, porcelaine ou autre substance analogue, disposées à la manière d'une jalousie.

Le brevet allemand 86.104, de **Heeren**, décrit des diaphragmes en caoutchouc durci inattaquables par les acides et les alcalis et qui ne se gonflent pas à l'usage.

Camboul (brev. angl., n° 9.806, 1895) emploie des diaphragmes qui consistent en deux parois poreuses, de faible épaisseur, dans l'intervalle desquelles se trouve une dissolution saline.

Stoerner (*Monit. Scient. Quesn.*, 1896, brev. 7), emploie comme diaphragmes des cadres sur lesquels on fixe deux plaques ou membranes poreuses séparées par un faible intervalle dans lequel on comprime le liquide (solution ou sel fondu) à électrolyser. La pression exercée par le liquide vers l'extérieur s'oppose au passage des ions d'une cellule dans l'autre et, par conséquent, à la recombinaison des éléments séparés par l'électrolyse.

Diaphragmes en ciment portland.

Breuer (brev. angl. n° 19.775) propose de remplacer les diaphragmes en poterie poreuse, qui deviennent bientôt inutilisables, par des diaphragmes poreux et inattaquables en ciment. Il indique quatre procédés différents pour leur fabrication : 1° on mélange soigneusement des fragments tamisés de pierre ponce ou de coke, mesurant 4 à 8 millim. d'épaisseur, avec un poids égal de ciment portland naturel ou artificiel ; on malaxe avec de l'eau de manière à obtenir une pâte épaisse et l'on coule le mélange dans des moules ; il peut être employé immédiatement après son durcissement. La dimension indiquée pour les grains de pierre ponce ou de coke convient pour des diaphragmes de 10 à 15 millim. d'épaisseur, on la fait varier suivant les épaisseurs que l'on veut obtenir ; 2° on mélange 35 litres de sel gemme pulvérisé (ou d'un autre sel soluble) avec 65 litres de ciment, on malaxe pour obtenir une pâte épaisse et on lessive après durcissement de la masse ; 3° on mélange 50 litres de ciment avec 36 litres d'une solution aqueuse contenant 250 gr. de chlorure de sodium par litre et 14 litres d'acide chlorhydrique, on opère ensuite comme il a été dit en 2. On peut remplacer le chlorure de sodium par d'autres sels et l'acide chlorhydrique par d'autres acides ; 4° 100 livres de ciment sont intimement mélangés avec 2 kilog. de poils de vache hachés ou de laine effilochée, le mélange est réduit en pâte avec de l'eau et coulé dans des moules. Après durcissement les diaphragmes ainsi formés sont suffisamment poreux pour n'opposer qu'une faible résistance au passage du courant, à l'usage le poil et la laine se dissolvent peu à peu dans la liqueur et la porosité de la plaque augmente encore.

Carmichael (brev. all. n° 5.055, 1894, *Monit. scient. Quesnev.*, 1895, brev., page 3) prépare des diaphragmes poreux en ciment, en imprégnant un tissu (en amiante, lorsqu'il doit se dégager du chlore) avec du ciment Portland, le tout est coulé en plaques ou en cylindres et desséché. On peut aussi fabriquer une sorte de feutre avec du ciment et des substances fibreuses et lui donner la forme convenable.

Parker (brev. angl. n° 6.605, 1893) se propose de préparer des diaphragmes plus durables que d'ordinaire, en employant la fluorine ou la cryolithe que l'on transforme en une matière laineuse, analogue au coton de scories et qui est utilisée sous forme de tissu ou de toute autre manière pour la garniture de récipients percés de trous.

Les anciennes salines domaniales de l'Est (brev. all. n° 82.352, *Monit. scient. Quesn.*, 1895, brev. page 169) emploient des diaphragmes formés d'un bloc de calcaire massif ou d'un mélange de calcaire pulvérisé et de magnésie calcinée, humecté avec de l'eau et comprimé dans un moule. Ces diaphragmes n'opposent qu'une faible résistance au passage du courant, lorsqu'on électrolyse des chlorures alcalins leur durée est presqu'illimitée, car ils ne sont en aucune façon attaqués par les produits de l'électrolyse.

Haeussermann (*Zeit. f. angew. Chemie.* 1893, 396) appelle l'attention, pour la construction des diaphragmes, sur la masse porcelainée fabriquée par **Pukall** (*Ber. der. deutsch. chem. Gesell.*, 1893, 1.159), dans la manufacture royale de porcelaine de Berlin. Cette matière résiste complètements aux agents chimiques et est en même temps très permable, toutefois on ne connaissait pas encore à l'époque les résultats auxquels a donné lieu son application à la construction des diaphragmes.

Les résultats d'expériences exactes faites à ce sujet ont été publiés par *Haeussermann et Fein*, dans *Zeit. f. angew. Chem.*, 1894, page 9; voyez aussi page 121, du présent ouvrage. Les cellule s en

porcelaine de Pukall, mises à digérer pendant quinze jours avec
une lessive de soude caustique à 15 p. 100 et à une température de
90°, n'ont éprouvé aucune modification notable de leur substance
et n'ont abandonné à la solution que de très faibles traces d'alumine
et de silice. Après essai pour l'électrolyse d'une solution de chlorure de sodium, il a été démontré que la résistance de ces cellules
diminue lorsque la température augmente et qu'en particulier, lorsqu'on emploie le charbon des cornues à la place du « charbon électrique ordinaire », on obtient de meilleurs résultats que par l'emploi des cellules ordinaires en terre réfractaire.

Kellner (brev. all. K., 11.678, 1894; brev. angl., n° 7.801, 1894,
Monit. Scientif. Quesnev., 1895, brev. 3), veut employer des diaphragmes en savon pour l'électrolyse des solutions de chlorure de
sodium. Ces diaphragmes s'opposent d'une manière presque complète
à la diffusion de la soude caustique dans le compartiment de l'anode,
car le savon est insoluble aussi bien dans une solution de sel marin
que dans une lessive de soude caustique. Pour former le diaphragme,
le savon est simplement découpé en plaques de la dimension voulue,
ou bien on le coule sur un lit de coton de verre, ou bien encore on
dispose une plaque de savon entre deux plaques de carton d'amiante
ou de tissu de même substance.

Bein (brev. angl., n° 21.838, 1894), utilise pour la séparation
des produits de la décomposition qui prennent naissance aux deux
électrodes, la couche intermédiaire de liquide qui se produit pendant
l'électrolyse. Des moyens appropriés permettent de constater l'existence de cette couche ; lorsqu'elle est sur le point de disparaître,
on interpose une cloison de séparation imperméable et on élimine
les produits de l'électrolyse.

Bamberg (brev. angl., n° 20.413, 1891), supprime l'emploi de
tous les diaphragmes poreux. Il dispose, entre les deux chambres,
une cloison de séparation massive, munie de tuyaux de communication dont l'extrémité supérieure se trouve au-dessous du niveau du
liquide, tandis que leurs extrémités inférieures pénètrent dans le
compartiment voisin, de telle sorte que les gaz ne peuvent se frayer
un passage.

Des diaphragmes, d'une disposition particulière, font partie inté-
grante des appareils brevetés par les inventeurs suivants : Greenwood, page 44 ; Cutten, page 48 ; Le Sueur, page 49 ; Kellner,
page 53 ; Craney, page 54 ; Roberts, page 61 ; Hempel, page 67 ;
Marx, page 69 ; Fabrique des produits chimiques de Léopoldshall,
page 74 ; Sinding Larsen, page 85 ; Kellner, page 86 ; Hoepfner,
page 103 ; Hurter, page 119. Ils ont été étudiés dans les chapitres
précédents.

ÉTUDE SUR LES DIFFÉRENTS

SYSTÈMES D'ÉVAPORATION DES LESSIVES

Par P. Kienlen

Dans la plupart des procédés électrolytiques ayant pour objet la production de la soude, de la potasse et des chlorates alcalins, on obtient généralement des lessives d'une concentration relativement faible (7°-15° Baumé) qu'il faut évaporer à un degré élevé de concentration pour en retirer le produit sous forme concrète et commerciale ; il en résulte une consommation très importante de combustible. D'ailleurs de tout temps cette consommation, appliquée du reste à des effets très multiples, a constitué un facteur très important du prix de revient des gros produits chimiques. Il faut reconnaître que son importance a malheureusement été trop longtemps méconnue dans la grande industrie chimique qui, sous ce rapport, a été grandement distancée par l'industrie sucrière. La situation économique générale de l'industrie des produits chimiques, la cherté des combustibles en France et l'élévation des tarifs de transport appliqués par les Compagnies de chemin de fer, pour cette matière première primordiale de toute industrie, constituent aujourd'hui pour le fabricant, notamment pour ceux qui exploitent leur industrie dans un rayon éloigné des centres de la production houillère, l'impérieuse nécessité de porter leur attention la plus sérieuse sur une utilisation aussi complète que possible des calories fournies par le combustible qu'ils consomment.

Nous nous sommes proposés, dans l'étude qui va suivre, de comparer les différents systèmes d'évaporation usités dans les usines de produits chimiques pour la concentration des lessives, de faire ressortir ensuite les avantages considérables présentés au point de vue économique par l'application des appareils à évaporer sous pression réduite et à multiple utilisation de la chaleur, tels qu'ils sont depuis longtemps déjà en usage dans l'industrie sucrière, d'indiquer le principe sur lequel ils reposent, de faire connaître leurs principaux organes et les conditions d'une bonne installation, enfin de décrire les types d'appareils les plus modernes, spécialement applicables à la concentration des lessives de la grande industrie chimique.

§ I. — *Comparaison des différents systèmes d'évaporation.*

Emploi de l'électricité. — Parmi les différents systèmes d'évaporation nous ne mentionnerons que pour mémoire les essais tentés dans ces derniers temps en vue de l'application de l'électricité à la concentration industrielle de différents liquides, notamment de l'acide sulfurique de 60° à 66°. Des considérations théoriques, confirmées du reste par l'expérience, montrent que dans les conditions actuelles de la production de l'énergie électrique, ce système d'évaporation ne saurait être économique (voir les travaux de H. Bucherer, de C. Haeussermann et F. Niethammer dans *Chemik. Zeit.*, 1893, pages 1597 et 1907).

En effet, une calorie correspond à un travail économique de 424 kilogrammètres et une force d'un cheval-vapeur produit un travail de 75 kilogrammètres par seconde. Il faudra donc $\frac{424}{75}$ = environ 6 chevaux pour produire une calorie par seconde. En admettant que l'on récupère dans le moteur 75 p. 100 de l'énergie engendrée dans le générateur, la force que devra développer le moteur, pour produire une calorie par seconde, sera de 9 chevaux environ, ce qui, en supposant la disposition la plus parfaite pour le générateur et le moteur, correspond à une consommation horaire de 7 k 500 de charbon développant théoriquement 54.000 calories. Or, sur cette quantité, $60 \times 60 = 3.600$ calories seulement seront utilisées de telle sorte que le rendement ne sera, dans ce cas, que de 6,66 p. 100, tandis qu'il atteint 75 p. 100 dans de bons générateurs et tout au moins 25 p. 100 dans les foyers ordinaires. La force nécessaire pour développer ces 3.600 calories utiles, par conséquent pour évaporer environ 6 kilog. d'eau par heure, étant de 9 chevaux, il s'ensuit qu'une installation industrielle, relativement peu importante, dans laquelle on aurait 600 kilog. d'eau à évaporer par heure, nécessiterait l'emploi d'un moteur de 900 à 1.000 chevaux de force et serait par conséquent fort coûteuse.

Même dans le cas le plus favorable où l'on disposerait d'une force hydraulique suffisante, l'application de l'électricité à l'évaporation des liquides est irrationnelle, car les frais d'installation seraient considérables et hors de proportion avec le résultat que l'on se proposerait d'obtenir ; il faut aussi considérer que l'opération est en elle-même fort délicate et que les moindres perturbations peuvent occasionner soit une décomposition de la liqueur à évaporer, soit de grandes variations dans sa concentration.

En ce qui concerne l'évaporation des lessives, l'application assez récente à l'industrie de la soude et de ses dérivés des appareils à évaporer sous pression réduite, avec utilisation multiple de la chaleur contenue dans la vapeur produite par l'ébullition, en usage depuis plus de 40 ans dans l'industrie sucrière, a permis, comme nous allons le voir, de réaliser un progrès considérable dans cette voie. Soit une lessive de soude caustique à 10° Baumé qu'il s'agit de concentrer à 48° Baumé : 1 m³ de lessive caustique contenant 70 kilogrammes NaOH à 10° Baumé et 691 kilogrammes à 48° Baumé, la quantité d'eau à évaporer par 100 m³ de lessive est :

$$100 \left(1 - \frac{70}{691}\right) = \text{environ } 90 \text{ m}^3$$

Dans tous les cas particuliers que nous allons examiner sommairement, nous supposerons l'emploi d'un charbon de bonne qualité évaporant huit fois son poids d'eau dans un générateur bien construit, la chaufferie étant normalement conduite.

Évaporation par feu direct. — Lorsqu'on emploie des bassines à évaporer du type le plus perfectionné, par exemple celles usitées dans l'industrie de Stassfurt pour l'évaporation des eaux-mères et des lessives de potasse (chaudières à dos d'âne, chaudières à flammes intérieures, avec retour tubulaire) on peut admettre qu'un kilogramme de charbon évaporera 5 kilogrammes d'eau dans la concentration de 10°-20° Baumé et 3 kilogrammes seulement dans la concentration finale de 20°-48°. La quantité d'eau à évaporer pour concentrer 100 m³ de lessive de soude caustique de 10° à 48° Baumé se décompose de la manière suivante pour ces deux termes :

$$\text{de 10° à 20° : } 100 \left(1 - \frac{70}{167}\right) = 58 \text{ m}^3 \, 09$$

$$\text{de 20° à 30° : } 90 - 58 = 32 \text{ m}^3.$$

La consommation de charbon nécessaire pour concentrer ces 100 m³ de lessive sera donc :

$$\frac{58}{5} + \frac{32}{3} = 11.600 + 10.666 = 22.266 \text{ kilogrammes.}$$

1 kilogramme de charbon aura donc évaporé en moyenne $\frac{90.000}{22.266} = 4$ kilogrammes d'eau.

Concentration par chauffage indirect. — Dans ce cas la vapeur est seule employée en pratique, mais pour des considérations d'ordre à la fois théorique et pratique, elle ne peut l'être qu'à une tension relativement peu élevée qui généralement ne dépassera pas 5 atmosphères, ce qui correspond à une température d'ébullition de l'eau de 150°. Dans ce cas on ne peut obtenir un degré de concentration très élevé, car la concentration dépend de la chute de température, c'est-à-dire de la différence entre la température de la vapeur de chauffage et celle de l'ébullition de la lessive. L'intensité de cette chute dépend elle-même de la dimension de l'appareil de chauffage qui ne peut, pour des raisons économiques, dépasser une certaine limite. Un appareil capable de concentrer à 30° Baumé 100 M³ de lessive par 24 heures, avec emploi de vapeur directe pour le chauffage du serpentin, doit avoir une surface de chauffe de 100 M². Dans le cas le plus favorable, la chute est de 15°, ce qui ramène à 150 — 15 = 135° le point d'ébullition ; le degré de concentration correspondant, pour la lessive de soude caustique, est environ 30° Baumé. La concentration finale de 30° à 48° devra donc s'opérer par chauffage à feu direct. Dans le cas qui nous occupe, 1 kilogr. de vapeur de chauffage fera dégager 0 kilogr. 700 de vapeur par l'ébullition de la lessive, par conséquent, 1 kilogr. de charbon aura évaporé $0,7 \times 8 = 5$ kilogr. 600 d'eau. La quantité d'eau à évaporer pour concentrer 100 M³ de lessive de soude caustique de 10° à

30° Baumé est : $100 - \left(1 - \dfrac{70}{299}\right) = 76,59$ M³ et pour la concentra-

tion finale de 30° à 48° : $90 - 76,59 = 13,41$ M³.

La consommation totale de charbon sera, par conséquent,

$\dfrac{76,59}{5,6} + \dfrac{13,41}{3} = 13.676 + 4.470 = 18.146$ kilogr. Un kilogr.

de charbon aura donc évaporé $\dfrac{9°}{18.146}$ environ 5 kilogr. d'eau.

Il résulte de ce calcul que l'emploi de la vapeur pour chauffage indirect à l'air libre permet déjà de réaliser une notable économie de combustible lorsqu'il s'agit d'évaporer des liquides dont la température d'ébullition est élevée à la pression ordinaire.

Évaporation sous pression réduite. — Lorsque l'évaporation a lieu sous pression réduite, l'économie de combustible réalisée est encore bien plus considérable. Par une bonne disposition de la pompe et du condenseur, on peut facilement obtenir un vide de 650 à 700 millim. de mercure dans la chaudière à évaporer, ce qui détermine un abaissement de la température d'ébullition de la lessive de 40° à 50°.

Toutes les autres conditions étant les mêmes que dans le cas précédent, la chute de température comportera 55° à 65° au lieu de 15° seulement et les dimensions de l'appareil pourront être réduites

dans la proportion de $\dfrac{15}{60}$ soit de 75 p. 100. Si l'on dispose de

vapeur d'échappement en quantités suffisantes, la concentration jusqu'à 48° Baumé pourra, en quelque sorte, s'opérer sans frais. Or, il est très important d'atteindre ce degré de concentration pour les lessives de soude caustique, car elles laissent alors déposer la majeure partie de leurs impuretés (chlorure de sodium, carbonate, etc.)

Multiple utilisation de la chaleur. — La multiple utilisation de la chaleur contenue dans les quantités de vapeur dégagées par l'ébullition de la lessive, dans une série de chaudières communiquant entre elles, permet de diminuer encore considérablement la consommation totale de vapeur pour chauffage. Cette diminution est proportionnelle au nombre de chaudières que comporte le système : l'emploi d'appareils à double, triple ou quadruple effets, réduira la consommation de vapeur à la moitié, au tiers ou au quart de celle nécessitée par l'évaporation dans une chaudière unique (simple effet).

Dans ce cas la consommation de charbon peut se calculer très approximativement de la manière suivante: un kilogramme de vapeur dégage, en se condensant sous la pression atmosphérique normale, 540 calories; la production de vapeur dégagée par l'ébullition de la lessive, dans la chaudière, exigera approximativement 10 calories de plus, car la tension de cette vapeur est plus faible. La différence entre la température de la lessive dans la chaudière et sa température à son entrée dans l'appareil étant $t_a - t_0 = \Delta°$, il faudra fournir à chaque kilogramme de lessive encore Δ calories. Donc, si pour la concentration de L kilogr. de lessive, il faut en dégager B kilogr. de vapeur par l'ébullition, la consommation totale de vapeur sera :

$$D_1 = \frac{L\,\Delta}{540} + B\,\frac{540}{530} \text{ kilogr. dans un simple effet.}$$

$$D_2 = \frac{L\,\Delta}{540} + B\,\frac{540}{2 \times 530} \qquad \text{»} \qquad \text{»} \qquad \text{» double effet.}$$

$$D_3 = \frac{L\,\Delta}{540} + B\,\frac{540}{3 \times 530}. \qquad \text{»} \qquad \text{»} \qquad \text{» triple effet.}$$

On déduit la consommation de charbon de la consommation de vapeur, suivant la qualité du combustible employé; pour la houille de bonne qualité, cette consommation sera $K = \dfrac{D}{8}$. Appliquons ces formules à l'exemple que nous avons choisi précédemment (évaporation, de 100 M³ de lessive de soude caustique de 10° à 48° Baumé). Le poids de la lessive faible est $L = 100 \times 1,075 = 107.500$ kilogr.; la quantité d'eau à éliminer sous forme de vapeur est, comme nous

l'avons vu plus haut, B = 90.000 kilogr. Admettons pour la lessive
à 48° Baumé un point d'ébullition de 66°, sous une pression absolue
de 40 millim. de mercure, et une température de 56° pour la lessive
pénétrant dans l'appareil (cette température s'obtient facilement en
faisant passer la lessive, avant son introduction dans l'appareil, à
travers un réchauffeur à contre-courant intercalé entre la dernière
chaudière et le condenseur).

La valeur de Δ est par suite (66°-56°) = 10°. Le calcul effectué
d'après les formules précédentes donne pour la consommation de
vapeur les résultats suivants :

D_1 = 1.990 + 91.698 = 93.688 kilog. vapeur dans le simple effet.
D_2 = 1.990 + 45.849 = 47.839   —   double —
D_3 = 1.990 + 30.566 = 32.556   —   triple —

La consommation de charbon correspondante $\left(\dfrac{D}{8}\right)$ est respec-

tivement 11.711 kilog., 5.979 kilog. et 4.069 kilog. La quantité d'eau
évaporée étant de 90.000 kilog., un kilog. de vapeur aura évaporé :

Dans le simple effet   7 k. 685 d'eau.
   — double —   15 k. 052 —
   — triple —   22 k. 118 —

En résumant les résultats obtenus par les différents calculs ci-
dessus, nous voyons que pour élever la concentration de 1 m³ de
lessive de soude caustique de 10° à 48°, il faut dépenser :

222,6 kilog. charbon par évaporation à feu direct.
181,4 — — — chauffage indirect par la vapeur.
117,11 — — — — à la vapeur sous pression
réduite dans un simple effet.
59,79 kilog. charbon dans un double effet.
40,69 — — — triple —

Lorsqu'on opère la concentration dans un triple effet, ce qui
sera le cas le plus ordinaire, la consommation de charbon est par
conséquent 5,3 fois moindre que celle nécessitée par l'évaporation à
feu direct et 4,4 fois moindre que celle qui correspond au chauffage
indirect par la vapeur, en serpentins.

Il résulte des formules précédentes que l'appareil travaillera
d'autant plus économiquement que la température de la lessive pénétrant dans l'appareil sera plus élevée. On a donc intérêt à ré-
chauffer préalablement la lessive le plus possible. Il est aussi à remarquer qu'il est préférable d'employer la vapeur à basse pression,
car à tension élevée sa chaleur latente est bien plus faible (à 1 atm =
539 calories, à 8 atm = 482 calories).

Dans l'exposé qui précède, nous avons envisagé uniquement l'économie de charbon qui résulte de l'emploi des appareils à évaporer sous pression réduite et avec utilisation multiple de la chaleur.

Nous ne mentionnerons que pour mémoire les avantages qu'ils présentent, tant au point de vue de la diminution des frais de main-d'œuvre, d'entretien et de réparation, comparés à ceux nécessités par l'évaporation dans des bassines à feu direct ou chauffées indirectement par la vapeur, qu'à celui de la propreté et de la régularité du travail, qui se fait automatiquement et par continu, de l'encombrement bien moindre occasionné par ces appareils, etc.

§ II. — *Généralités sur les appareils à évaporer sous pression réduite et avec multiple utilisation de la chaleur.*

La vulgarisation des appareils à évaporer sous pression réduite, dont le principe repose sur la température inférieure à laquelle bout un liquide sous une pression moindre que celle de l'atmosphère, est due à l'industrie sucrière dont l'attention a du, de bonne heure, se porter tout spécialement, sur l'étude des moyens économiques d'évaporation des grandes masses de jus sucré dilué qu'elle met en œuvre.

Le premier appareil basé sur ce principe a été introduit en 1813 dans les raffineries de sucre d'Angleterre par **Howard** qui employait déjà pour la production du vide, un condenseur barométrique à contre courant et une pompe à air sèche. Des appareils analogues ont été construits ensuite par **Derosne** qui employait pour la condensation un condenseur par surface, dans lequel le jus dilué servait d'agent réfrigérant, puis par **Roth** qui déterminait le vide sans emploi d'une pompe.

On déplaçait par la vapeur l'air contenu dans une chaudière à évaporation close et dans un grand réservoir extérieur communiquant avec cette chaudière ; lorsqu'on jugeait son élimination suffisante, on supprimait l'arrivée de la vapeur et on injectait de l'eau froide dans le réservoir extérieur, ce qui déterminait un vide partiel par suite de la condensation de la vapeur ; on admettait alors la vapeur dans le double fond et dans le serpentin de chauffage de la chaudière, on la mettait en communication avec le réservoir extérieur et l'ébullition commençait à basse température, sous pression réduite. Cette disposition, qui avait pour but d'obvier aux grandes défectuosités des pompes à air de l'époque, a reçu pendant assez longtemps de nombreuses applications.

Le principe de l'utilisation multiple de la chaleur fut appliqué pour la première fois par **Rillieux**, qui construisit ses premiers appareils en Amérique en 1830, leur apparition en Europe ne date

guère que de 1850. La première publication les concernant a été
faite par Rillieux en 1848, dans la description de ses brevets publiés
par le *Patent office Report*. Depuis cette époque ils ont été modifiés
de bien des façons par **Tischbein, Robert, Degrand, Walkhoff,
Cecil et Derosne** etc. Le mérite de leur propagation dans l'industrie sucrière française revient surtout à MM. Cail et Cⁱᵉ, puis aux
ateliers de construction de Fives-Lille, de création plus récente.

Leur principe consiste à utiliser la chaleur latente qui se dégage
du liquide que l'on évapore, et qui est généralement perdue dans les
chaudières à air libre, en la faisant servir au chauffage de nouvelles
quantités de liquide à évaporer, dans une ou plusieurs chaudières
consécutives communiquant entre elles.

Le type le plus simple le « double effet » comprend deux chaudières closes communiquant entre elles et dans lesquelles on détermine une diminution de pression par raréfaction de l'air, à l'extrémité du système. La vapeur de chauffage (d'échappement des
machines ou provenant directement du générateur) est dirigée dans
la calandre verticale de la première chaudière. Cette calandre est
pourvue de deux plaques métalliques horizontales percées d'orifices
dans lesquelles viennent se fixer les tubes d'un faisceau tubulaire
présentant une grande surface de chauffe. On détermine ainsi autour
de ce faisceau une chambre isolée (chambre de chauffe) occupée par
la vapeur, le liquide à évaporer se trouvant à l'intérieur des tubes
(il serait plus rationnel de faire passer la vapeur à l'intérieur des
tubes, dans un réchauffeur tubulaire, et de faire circuler le liquide
à évaporer tout autour à l'extérieur, toutefois c'est l'inverse qui a
lieu en vue de faciliter le nettoyage).

La vapeur, pénétrant dans la chambre de chauffe, s'y condense
en abandonnant sa chaleur latente au liquide à évaporer, celui-ci entre
en ébullition sous la pression normale de l'atmosphère où sous une
pression légèrement réduite et fournit, par conséquent, une nouvelle
quantité de vapeur. Cette vapeur est employée au chauffage du faisceau tubulaire de la deuxième chaudière en communication avec la
première, elle produit l'ébullition de nouvelles quantités de liquide
sous une pression réduite déterminée par raréfaction do l'air dans
cette dernière chaudière, à l'aide d'une pompe. De nouvelles quantités d'eau se condensent dans la chambre de chauffe de la deuxième
chaudière, les vapeurs provenant de l'ébullition de la lessive dans
ce dernier corps, sont condensées dans un condenseur placé en avant
de la pompe à air, à la sortie de la chaudière, et fournissent de l'eau
chaude que l'on utilise à divers usages.

Le nombre des effets avec lesquels il convient de travailler, est
déterminé pour chaque cas particulier, principalement par la chute

de température, c'est-à-dire par la différence entre la température de la vapeur de chauffage t_d et la température d'ébullition de la solution concentrée t_e qui correspond à la tension p_c dans le condenseur :

$$\Delta = t_d - t_e$$

Il est calculé pour la quantité de vapeur de chauffage dont on dispose, de manière à ce que dans chaque chaudière prise séparément, la chute de température ne soit pas inférieure à une limite déterminée.

On possède régulièrement les données suivantes :

V, la quantité de vapeur dont on dispose, p_d sa pression (ordinairement 1,5 atmosphères), t_d sa température (ordinairement 111° C.), L la quantité de lessive qui traverse le réchauffeur, t_a la température de la lessive à l'entrée et t_b sa température à la sortie du réchauffeur, Q la quantité d'eau qui doit être éliminée de la lessive par concentration.

On peut déterminer Q par le calcul lorsque l'on connaît le degré de la lessive avant et après la concentration, de même on peut déterminer le point d'ébullition t_e de la lessive concentrée lorsque la pression p_e dans le condenseur est connue. M. L. Kaufmann, ingénieur-directeur des établissements Neuman et Esser, à Aix-la-Chapelle, a communiqué en 1895, à la Société du district d'Aix-la-Chapelle, la formule suivante qui permet de calculer approximativement le point d'ébullition de solutions salines sous différentes dépressions (x)

$$(1000 + a) c = H \times 1000 + a x S$$

dans laquelle $a =$ la quantité de sel contenu dans 1000 litres de la dissolution ; S la chaleur spécifique de ce sel, c le nombre de calories qu'il faut fournir à la quantité d'eau liquide, sous la pression correspondante, H la chaleur spécifique de l'eau $= 1$. (*Chemik. Zeit.*, 1895, 388.)

$c = 100°$ à 760 millimètres pression $= 59,6$ à 147 millimètres, t_e étant trouvé, la chute totale de température est comme nous l'avons vu plus haut :

$$\Delta = (t_d - t_e) °\ \text{C.}$$

En admettant que l'eau qui s'écoule du condenseur soit de nouveau utilisée, ou bien que l'on ait à sa disposition une quantité suffisante d'eau fraîche, on calcule la quantité de vapeur provenant de l'ébullition de la lessive qui pourra être produite, à la tension p_c, par la quantité de vapeur V dont on dispose.

Comme la chaleur de la lessive est enlevée et disparaît avec l'eau de condensation, la chaleur latente peut seule être utilisée :

Elle est, d'après Clausius, approximativement égale à :

(1) $$Wd = (607 - 0,708\, t_d)\ \text{V calories.}$$

Cette quantité de chaleur est employée pour élever la température de la lessive L, de t_b à t_e et pour produire, par l'ébullition de la lessive, une quantité B_x de vapeurs à la température t_e.

On doit donc avoir :

(2) $\quad$ V $(607 - 0,708\, t_d) = L\,(t_e - t_b) + B_x\,(607 - 0,708\, t_e)$

et par conséquent, la quantité de vapeur produite par l'ébullition de la lessive sera :

(3) $\qquad B_x = \dfrac{V\,(607 - 0,708\, t_d) - L\,(t_e - t_b)}{607 - 0,708\, t_e}.$

Ce calcul détermine le choix du système. Si la quantité de vapeur de chauffage dont on dispose peut, suivant l'équation (3), développer par l'ébullition de la lessive une quantité de vapeur telle que :

$B_x \gtreqqless Q$, il y a lieu d'employer un simple effet,

$B_x \gtreqqless \dfrac{Q}{2}$, il y a lieu d'employer un double effet,

$B_x \gtreqqless \dfrac{Q}{3}$, il y a lieu d'employer un triple effet,

et ainsi de suite, à condition que la consommation d'eau ne présente qu'une importance secondaire.

Mais, comme nous l'avons indiqué plus haut, le nombre des appareils dépend aussi de la chute de température dont on dispose. L'expérience a démontré que, pour que le travail s'opère dans de bonnes conditions, la chute de température ne devait pas être trop faible dans chaque appareil pris individuellement; les considérations suivantes permettent de fixer cette.limite à 15° :

1° la transmission de la chaleur s'opère d'autant mieux que l'ébullition est plus vive;

2° Lorsque l'ébullition ne détermine pas un remous suffisant dans le liquide à évaporer, des bulles d'air et de vapeur viennent adhérer fortement contre les parois des tubes et des plaques de la chambre de chauffe, ce qui a pour effet de diminuer la transmission de la chaleur;

3° Une vive ébullition a pour effet de diminuer les incrustations ;

4° L'ébullition est d'autant plus vive que la chute de températurare est plus considérable.

Lorsque le calcul précédent a démontré que la quantité de vapeur, développée par l'ébullition de la lessive, est inférieure à la quantité d'eau qu'il faut éliminer de la lessive, la chute de température étant trop faible dans un appareil pris isolément, il faudra remplacer, pour le chauffage, la vapeur d'échappement par la vapeur directe. Si l'on dispose d'une quantité suffisante de vapeur de auffage, mais que l'alimentation d'eau soit restreinte, il sera préférable de laisser échapper une partie de la vapeur à l'air libre et de travailler avec un ou deux appareils de plus, dans le but de réduire l'installation du condenseur.

La quantité de vapeur produite en une heure, par l'ébullition de la lessive étant $\frac{B_x}{24}$, lorsque la lessive a été suffisamment réchauffée avant son introduction dans l'appareil (ce qui doit toujours être le cas), et étant donnés :

1° R° C la chute totale de chaleur entre la température de la vapeur de chauffage et celle des vapeurs qui pénètrent dans le condenseur ;

2° r° C l'élévation du point d'ébullition de la lessive concentrée ;

3° et en admettant le coefficient de transmission pour la chaleur, par mètre carré de surface de chauffe, par heure et pour une différence de température de 1°, avec application d'une correction indiquée par l'expérience = 1200 calories, on pourra calculer la surface de chauffe totale de l'appareil à l'aide de la formule :

$$F = \frac{540 \, B}{24 \times 1200 \, (R - r)} = \text{environ } \frac{1}{50} \times \frac{B}{(R - r)} \, M^2$$

La proportion suivant laquelle cette surface doit être répartie entre les différents corps de l'appareil varie suivant les cas ; toutefois, le calcul indique qu'il n'est pas rationnel de donner, comme on le fait souvent, exactement la même surface de chauffe aux différentes chaudières du système. Du reste, pour chaque cas particulier, il est nécessaire de se livrer à une étude spéciale très complète, en vue d'une installation rationnelle et appropriée au but que l'on se propose.

Il est à remarquer que l'augmentation du nombre des effets n'a pas pour résultat, comme on pourrait le croire, une augmentation de la production du système, mais seulement une diminution de la consommation de vapeur, et par conséquent de charbon, ainsi que de la consommation d'eau pour la condensation.

Les dispositions les plus employées dans ces derniers temps comprennent un système de chaudières closes, dans lesquelles l'évaporation se fait sous pression réduite, la première de ces chaudières étant chauffée par la vapeur directe (ou d'échappement) les autres par les vapeurs produites par l'ébullition de la lessive dans la chaudière précédente. Suivant le nombre des chaudières qui le composent, le système est habituellement désigné sous le nom de double, triple, quadruple-effet. On a même construit dans ces derniers temps des appareils à quintuple et à sextuple-effet.

Généralement un atelier d'évaporation comprend les divers appareils suivants :

1° La ou les chaudières d'évaporation ;

2° Le condenseur ;

3° La salle des machines, avec les pompes à air et à eau et la pompe spéciale qui sert à extraire l'eau de condensation qui se produit dans la chambre de chauffe des appareils ;

4° Les réchauffeurs (calorisateurs) et, lorsqu'il se dépose pendant l'évaporation une notable quantité de sel ;

5° Les filtres où les dispositifs spéciaux pour l'évacuation automatique des sels déposés.

1. *Chaudières d'évaporation* (voir fig. 38). La chaudière proprement dite se compose de la chambre d'ébullition K, de la chambre de vapeur M et de la partie inférieure *v* dont la forme et la capacité se règlent d'après la plus ou moins grande proportion des sels qui se déposeront pendant l'évaporation. La chambre d'ébullition porte les armatures suivantes : *a*, robinet d'introduction de la lessive, *b* robinet d'évacuation de la lessive, *c* indicateur du vide, *d robinet à beurre*, *e* thermomètre, *f* trou d'homme, *g* glaces pour regards, *h* robinet d'air, *i* robinet d'eau, *k* indicateur du niveau avec l'éprouvette *l* pour prise d'essai.

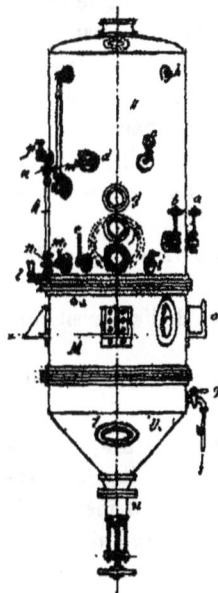

Fig. 38.

Le *robinet à beurre* sert à introduire dans l'appareil de l'huile, ou un corps gras quelconque, lorsque la formation de mousse est abondante. Si l'appareil doit travailler par continu, le robinet à air *h* est mis en communication avec un monte-jus dans lequel on détermine alternativement une pression et une raréfaction d'air. Le robinet d'eau *i* est relié à une conduite d'eau sous pression qui permet, le robinet étant ouvert, d'essayer l'appareil sous pression. L'indicateur de niveau avec l'éprouvette pour échantillon fonctionne de la manière suivante : les robinets *m m'* étant ouverts, le tube indique le niveau du liquide dans la chambre d'évaporation. Si l'on ferme *m m'* et que l'on ouvre *n n'* le liquide pénétrera dans l'éprouvette *l*, on renouvelle ce jeu de robinet jusqu'à ce que l'éprouvette soit suffisamment remplie de liquide.

Après avoir prélevé un échantillon dont on prend la densité à l'aide d'un aéromètre, on ferme *m n*, on ouvre *m'* et *n'* ce qui détermine l'aspiration du liquide de l'éprouvette dans l'appareil. Cette disposition *est aussi simple que pratique*, elle évite que l'appareil vienne à se salir et que de la lessive soit inutilement gaspillée.

La chambre de vapeur M reçoit une soupape *o* pour l'introduction de la vapeur, un robinet d'évacuation pour l'air, *p*, un robinet de sortie pour l'eau de condensation *g*, un trou d'homme *r* et un robinet à eau *s* qui a le même but que le robinet *i* de la chambre d'ébullition (épreuve de la chambre de vapeur sous pression). La partie inférieure *v* de la chaudière porte un trou d'homme *t*, un robinet de vidange *u* et parfois un dispositif pour l'extraction automatique des sels.

2. *Condenseur*. — La disposition du condenseur joue un très grand rôle dans l'économie d'une installation pour l'évaporation des lessives, car c'est de cet appareil que dépend en grande partie l'intensité du vide et par conséquent le bon fonctionnement de tout le système. Il importe notamment que la consommation d'eau froide soit aussi faible que possible et que la température de l'eau à la sortie du condenseur soit aussi voisine que possible de la température d'ébullition de la lessive dans le dernier corps de l'appareil.

La condensation des vapeurs produites par l'ébullition de la lessive dans le dernier corps peut s'opérer de deux manières différentes :

a. Par injection directe d'eau froide dans les vapeurs (condenseurs par injection).

b. Par refroidissement des parois extérieurs de l'appareil condenseur (condenseurs par surface).

La condensation par injection directe d'eau froide peut elle-même être réalisée de deux façons différentes :

1° Par injection directe d'eau froide dans les vapeurs, évacuation des vapeurs condensées et de l'eau employée pour la condensation, au moyen d'un tube barométrique (d'au moins 10 mètres de hauteur) ou d'une pompe à eau spéciale, et aspiration de l'air et des gaz non condensables à l'aide d'une pompe à vide sèche. Cet air provient des deux sources différentes : d'une part l'air, tenu en dissolution dans l'eau de condensation, se dégage par suite de la diminution de pression dans le condenseur, de l'autre il en pénètre de l'extérieur dans le condenseur, par défaut d'étanchéité complète des joints.

On peut déterminer approximativement la première de ces deux fractions : 100 parties d'eau à 0° et 760 millimètres de pression tiennent en dissolution 2,47 parties d'air (en volume), cette proportion est de 1,95 p. 100 à 10° et de 1,7 p. 100 à 20°. Sous l'influence de la dépression dans le condenseur, une proportion correspondante de

cet air se dégage ; lorsque la raréfaction a atteint les 4/5 de la pression atmosphérique, c'est-à-dire que la pression n'est plus que de
152 millimètres de mercure, les 4/5 de la quantité d'air dissout se
dégagent, soit une proportion d'environ 1.6 p. 100 du volume d'eau
employé (à 10°). De plus cette quantité d'air subit une dilatation
proportionnelle à la dépression, dans l'exemple choisi cette dilatation est d'environ 4 fois le volume primitif de l'air, il faudra donc
éliminer de ce chef un volume d'air de 6.4 p. 100 du volume d'eau
employé.

2° Les vapeurs, condensées au moyen d'une injection d'eau
froide, sont ensuite évacuées en même temps que l'eau ayant servi
à la condensation, à l'aide d'une pompe dite à air humide, qui aspire
également les gaz non condensables (l'air).

Dans les deux cas, l'eau est introduite dans le condenseur au
moyen d'injecteurs ou de pulvérisateurs et doit être mélangée aussi
intimement que possible avec les vapeurs, de manière à déterminer
leur condensation.

Le choix entre ces deux modes de condensation dépend des
conditions locales : lorsque la fabrique ne se trouve pas dans une
situation trop élevée par rapport à la prise d'eau, lorsque l'eau dont
on dispose est suffisamment pure et que le combustible est cher, on
devra employer le système de condensation avec pompe à air
humide. L'économie ainsi réalisée par rapport à la condensation
dite sèche ne porte pas seulement sur la pompe à eau qui devient
inutile, mais aussi sur tout l'appareil, car le tuyautage de conduite
au condenseur ainsi que celui qui relie le condenseur avec la pompe
à air sont plus courts.

Mais dans le cas où l'eau qui doit servir à la condensation est
chargée en substances minérales et susceptible de produire des
incrustations, il faudra donner la préférence à un condenseur barométrique et à une pompe à air dite sèche.

Au point de vue de l'économie de ces deux modes de condensation, relativement à la consommation de charbon, il faut considérer
que, dans le cas d'une pompe sèche, la hauteur à laquelle il faut
élever l'eau de condensation dépasse d'environ 10 m. celle qui
correspond à l'emploi d'une pompe humide. Par contre le travail a
fournir par cette dernière est plus considérable que celui d'une
pompe sèche et nécessite, par conséquent, une plus forte consommation de charbon.

Toutefois, en considération des avantages que présente la pompe
à eau sèche, notamment au point de vue de l'allègement de son
travail et de son fonctionnement séparé de celui de la pompe à eau,
on lui donnera généralement la préférence lorsque le prix moyen du

charbon de bonne qualité n'est pas trop élevé. Une pompe à vide
sèche ne consomme que les 2/7 de la force motrice exigée par une
pompe à air humide et, toutes proportions égales, 50 p. 100
seulement de la quantité d'eau nécessitée par cette dernière.

La quantité d'eau nécessaire pour la condensation des vapeurs
produites par l'évaporation de la lessive dans le dernier corps de
l'appareil est assèz considérable; elle atteint environ 20-40 fois leur
poids. On comprend qu'elle est d'autant plus faible que l'eau
employée est plus froide, et d'autant plus grande que la température à laquelle on se propose de recueillir l'eau condensée est
plus basse. Elle peut se calculer d'après la formule suivante:

$$q_1 = q \frac{550\,(t-t_2)}{t_2 - t_1}$$

dans laquelle q est le poids des vapeurs à condenser et t leur température, q_1 la quantité d'eau nécessaire à la condensation, t_1 sa
température, t_2 la température à laquelle la condensation doit avoir
lieu.

Toutefois le résultat ainsi obtenu n'est que purement théorique,
car, dans la pratique, la consommation d'eau dépend naturellement
aussi de la nature du condenseur.

Lorsque l'eau est injectée dans le condenseur à un degré de
division insuffisant ou lorsque l'espace offert aux vapeurs à
condenser n'est pas assez vaste pour leur permettre d'entrer en
contact sur une grande surface avec l'eau de condensation, il faudra,
pour obtenir une condensation complète, consommer une quantité
supérieure d'eau.

Généralement, une disposition défectueuse du condenseur a
pour effet la production d'un vide insuffisant dans le dernier corps.
On donne trop souvent au condenseur des dimensions trop faibles,
on ne saurait trop se mettre en garde contre l'inconvénient qui en
résulte. Il est utile que son volume soit égalà au moins 1,5 fois, ou
mieux encore, le double de celui de la pompe à air. De plus, dans
une bonne installation, on doit rapprocher autant que possible le
condenseur de la dernière chaudière d'évaporation. Les effets d'une
bonne condensation se traduisent par un vide relatif plus considérable dans la dernière chaudière, par une plus grande chûte de
température répartie entre tous les corps et par une production plus
élevée de l'appareil.

La pression totale p_0 qui règne dans le condenseur se compose
de deux facteurs:

1° La pression d de la vapeur qui se trouve dans le condenseur;
2° La pression l de l'air accumulé dans le condenseur,

$$p^0 = d + l$$

Une bonne installation du condenseur doit avoir pour effet de réaliser une pression aussi faible que possible, par les moyens les plus économiques (faible consommation d'eau et de force motrice, emploi d'une pompe à air de petite dimension.)

L'une des fractions dont se compose la pression totale, — celle due à la vapeur, ne dépend, l'eau froide étant injectée à un degré de division suffisant, que de la température t' de l'eau qui s'écoule et cette température n'est elle-même influencée que par la quantité et la température de l'eau froide consommée pour la condensation. Pour des conditions déterminées, elle a donc une valeur constante qui ne pourra être réduite. Il en est autrement de la deuxième fraction de la pression totale, — celle due à l'air, — qui ne dépend en grande partie que de la manière dont s'opère l'évacuation de l'air, c'est à dire du point de jonction du condenseur avec la pompe à air. Cette fraction peut être diminuée par des moyens appropriés. Tandis que, dans une installation rationnelle, la pompe à vide, n'aspire dans le condenseur que de l'air, elle se trouve souvent installée de telle sorte que le mélange gazeux aspiré est constitué en majeure partie par de la vapeur, avec une faible proportion d'air seulement. Or il n'y a aucune utilité à faire aspirer de la vapeur par la pompe à air, car il ne peut en résulter aucune diminution de pression, cette vapeur étant continuellement renouvelée dans le condenseur où se régénérant par l'eau chaude : elle doit donc être complètement condensée avant qu'elle ne puisse pénétrer dans la pompe à air. On réalise très simplement ce but en faisant pénétrer la vapeur à la partie inférieure et l'eau devant servir à la condensation à la partie supérieure du condenseur. Les vapeurs à condenser s'élèvent alors à la rencontre de la pluie d'eau froide et l'aspiration de l'air par la pompe se fait au point le plus froid du condenseur, dans un espace où les vapeurs condensables ne peuvent subsister ou du moins ne subsistent qu'en très faible proportion.

Une telle disposition de la pompe à air caractérise la condensation dite par *contre courant*, tandis que la condensation ordinaire, au moyen d'une pompe à air humide peut être considérée comme une condensation par *courants parallèles*.

Les condenseurs de cette dernière catégorie présentent sur ceux de la première le désavantage marqué que les vapeurs à condenser pénètrent dans la partie supérieure du condenseur en même temps que l'eau qui doit servir à la condensation. Il en résulte qu'elles rencontrent d'abord l'eau la plus froide et qu'elles viennent ensuite, au fur et à mesure de leur condensation, en contact avec des quantités d'eau de plus en plus chaude, ce qui ne permet pas de réaliser une bonne utilisation de l'eau réfrigérante. Il s'en suit que l'eau qui s'écoule à la partie inférieure de l'appareil, a parfois une température inférieure à celle des vapeurs à condenser et que l'air pénètre dans la pompe à une température assez élevée.

Les conditions sont différentes pour les condenseurs dits à contre-courant. Dans ce cas les vapeurs pénètrent dans le condenseur par la partie inférieure, comme nous l'avons vu, et viennent, en s'acheminant vers la pompe à air, entrer en contact intime avec l'eau distribuée à la partie supérieure; elles rencontrent ainsi d'abord les parties les plus chaudes, puis, en s'élevant dans l'appareil, des parties de plus en plus froides.

La condensation ainsi réalisée est si parfaite que l'eau s'écoule du condenseur à une température très voisine de celle des vapeurs à condenser et que les gaz non condensables (l'air) prennent très approximativement la température de l'eau de réfrigération et pénètrent à cette température dans la pompe à air. Il en résulte que l'emploi d'un condenseur à contre courant permet de donner à la pompe à air des dimensions plus petites que celles nécessitées dans le cas d'un condenseur à courants parallèles, d'autant plus qu'on emploie alors exclusivement des pompes à air dites sèches.

Un condenseur à contre courant normalement installé doit remplir les deux conditions suivantes :

1° Sa partie supérieure, et notamment la conduite qui le met en communication avec la pompe, doivent être froides au toucher, on est alors certain que la pompe n'aspire que de l'air, car un mélange froid d'air et de vapeur d'eau ne peut contenir que des proportions très minimes de vapeur. La dimension de la pompe à air et le travail qu'elle doit fournir sont alors réduits à leur minimum, ;

2ª La totalité de l'eau chaude qui s'écoule doit prendre la température qui correspond au vide déterminé dans le dernier corps de l'appareil, c'est-à-dire que la quantité d'eau à fournir doit être réglée de telle sorte qu'elle se trouve portée à cette température, dans son passage à travers le condenseur. Dans ce cas, les consommations d'eau réfrigérante et de force motrice pour l'élévation de l'eau dans le condenseur sont également réduites à leur minimum.

Il existe un grand nombre de dispositifs, plus ou moins efficaces pour la condensation. Parmi les condenseurs à contre courant, nous citerons le condenseur barométrique de *F. Weiss* (de Bâle), les condenseurs de *Greiner*, et de *Schwager*, le condenseur centrifuge de *Kettler*, le condenseur à chaînes de *Klein* et le condenseur plus récent de *Kaufmann* (fig. 39).

D'après les données du constructeur (*Neuman Esser*, à Aix-la-Chapelle) ce condenseur permet de recueillir l'eau, à la sortie de l'appareil, à une température de 60°, le vide étant de 64 centimètres de mercure, sans qu'il se produise aucune perturbation dans la marche de l'appareil.

Si donc, l'eau injectee est à la température de 15°, la quantité d'eau nécesaire pour la condensation ne sera que de douze fois le poids des vapeurs à condenser, ce qui est un fort beau résultat. On compte généralement le double pour les condenseurs à injection des machines à vapeur. En présence de la température élevée des eaux

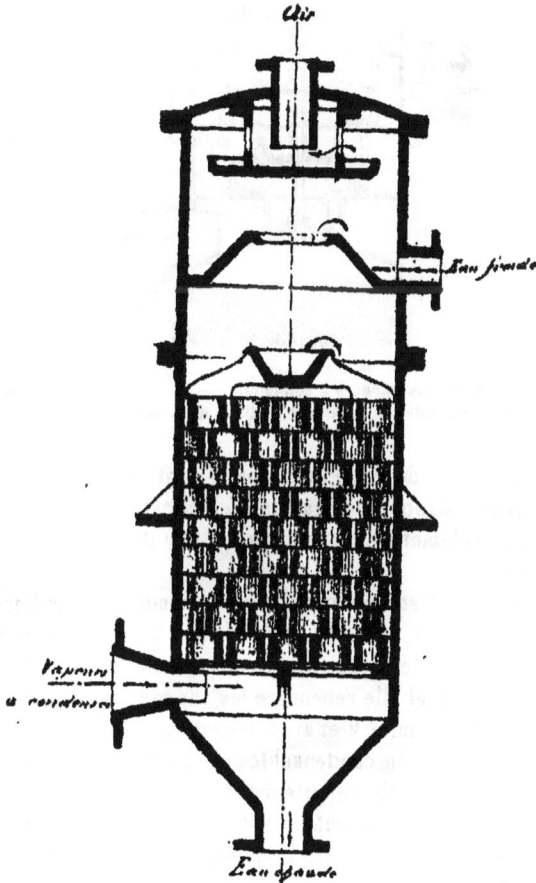

Fig. 39.

d'écoulement, il sera possible d'employer, pour la condensation de l'eau à une température relativement chaude, soit jusqu'à 45°, par exemple l'eau qui s'écoule d'un condenseur à injection d'une machine à vapeur. L'air et les gaz non condensables sont aspirés à la partie supérieure de l'appareil par une pompe à air sèche.

Le condenseur à cataracte, qui a été fréquemment employé en sucrerie, est un condenseur à injection et à courants parallèles. Son fonctionnement s'explique par la fig 40.

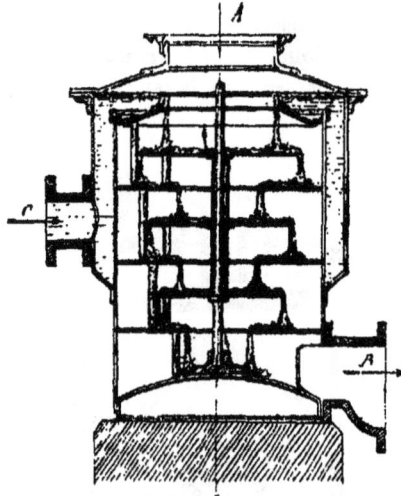

Fig. 40. — *A*, entrée des vapeurs à condenser. — *B*, communication avec la pompe à cuir. — *C*, entrée de l'eau de condensation.

Les condenseurs de cette catégorie sont très nombreux et varient dans leurs dispositions suivant les constructeurs ; on tend aujourd'hui généralement à les remplacer par des condenseurs à contre courant.

La figure 41, représente l'installation d'un condenseur barométrique à contre courant, système *Weiss*. L'eau froide est élevée par la pompe M, à travers le tuyau G, dans la partie supérieure C du condenseur dans lequel elle rencontre les vapeurs à condenser qui y pénètrent par la conduite V et avec lesquelles elle entre en mélange intime. Les gaz non condensables sont aspirés par la pompe sèche à air, dans la partie supérieure du condenseur, sans qu'il puisse se produire aucun entraînement d'eau. K et K' sont deux soupapes de retenue intercalées, l'une dans le tuyau de chute de l'eau qui a servi à la condensation, l'autre dans la conduite d'aspiration des vapeurs non condensées. Le récipient F intercalé entre la pompe M et le tuyau de refoulement G de l'eau froide, sert à retenir l'air que peut contenir l'eau de réfrigération par suite d'un défaut d'étancheité des conduites, cet air accumulé à la partie supérieure du récipient, est évacué dans l'atmosphère par un tuyau de faible diamètre. L'eau qui a servi à la condensation est aspirée dans la fosse par la pompe centrifuge P qui l'élève à la partie supérieure d'un bâtiment de graduation à la partie inférieure duquel elle s'écoule, refroidie, dans un bassin, pour servir à nouveau à la condensation.

Les condenseurs par surface sont rarement employés dans les installations d'évaporation. Parmi ceux-ci on peut citer, en raison de l'originalité du principe sur lequel il repose, le condenseur de *Theisen*, recommandé par Jelinck, lorsque l'on dispose d'une quantité d'eau trop restreinte.

Cet appareil est basé non plus sur la simple augmentation de température de l'eau employée pour la condensation, mais sur sa volatilisation. On sait qu'un kilogramme d'eau dont la température s'élève de 1° C n'absorbe qu'une calorie, tandis que la même quantité en nécessite 635 pour sa volatilisation.

Les vapeurs qui s'échappent du dernier corps sont dirigées dans un faisceau tubulaire, disposé dans le fond d'une caisse et sur lequel on fait continuellement couler de l'eau qui se trouve ainsi réchauffée. Dans l'intervalle, entre les tubes de ce faisceau, on fait tourner un grand nombre de disques en tôle galvanisée, disposés sur un arbre horizontal, et entre lesquels on insufle de l'air qui détermine l'évaporation rapide de l'eau entraînée mécaniquement par les disques. L'évaporation ainsi produite a pour effet d'enlever aux disques leur chaleur, eux-mêmes s'emparent de nouveau de celle de l'eau du condenseur qui a été réchauffée au contact des tubes traversés par les vapeurs qui s'y condensent. L'eau condensée et l'air sont aspirés par une pompe à air humide dans une chambre située à l'une des extrémités du faisceau tubulaire; on obtient ainsi de l'eau pure à une température de 50° environ, et on l'utilise directement pour l'alimentation des générateurs ou pour tout autre objet. Cet appareil consomme à peine un kilogramme (plutôt 750-800 grammes) d'eau pour la condensation de un kilogramme de vapeur.

Lorsqu'on dispose de quantités suffisantes d'eau courante, il peut être avantageux d'employer un condenseur par surface que l'on installera dans une fosse intercalée dans le courant d'eau.

3. *Salle des machines.* — En supposant l'emploi d'un condenseur barométrique à injection, il faudra installer dans la salle des machines les pompes suivantes :

1° Une pompe sèche à vide, pour la raréfaction de l'air dans le condenseur. En Allemagne on emploie à cet effet, presque exclusivement, des pompes à distribution par tiroirs, système *Weiss* ;

2° Une pompe d'extraction pour l'eau condensée dans les caisses de chauffage qui, étant sous l'action du vide, ne peut être évacuée au moyen d'un tube barométrique lorsque les appareils n'ont pas une hauteur de chute suffisante, ce qui est généralement le cas pour les chaudières les plus rapprochées du condenseur. Pour les caisses dans lesquelles la pression est supérieure de 1/4 à celle de l'atmos-

Fig. 41.

phère, l'évacuation de l'eau condensée peut s'opérer simplement à l'aide d'un purgeur;

3° Une pompe pour élever l'eau froide au condenseur. Lorsque l'eau qui a servi une première fois à la condensation doit être réemployée pour le même usage, on la refroidit préalablement en la faisant passer à travers un bâtiment de graduation, ou dans une touraille de refroidissement, avec tuyères de pulvérisation système Koerting : il faut alors installer une pompe supplémentaire pour élever l'eau au sommet de ces appareils ;

4° Une pompe à lessive pour l'alimentation des chaudières. Il est utile de l'installer même dans le cas où la première chaudière pourrait s'alimenter par simple aspiration, car elle sert de régulateur pour l'admission de la lessive. Enfin, on peut installer une cinquième pompe pour l'extraction de la lessive concentrée dans la dernière caisse. Dans une grande installation, il convient de disposer sur le même massif un moteur actionnant à la fois quatre pompes : deux pour le mouvement des lessives et deux pour l'extraction des eaux de condensation.

4. *Réchauffeur.* — On intercale ordinairement, en avant du condenseur, dans la conduite de dégagement des vapeurs produites par l'ébullition dans le dernier corps, un réchauffeur tubulaire qui sera traversé par la lessive faible avant son entrée dans la première chaudière et qui fonctionne en même temps comme vase de sûreté, en retenant la mousse et les particules de lessive entraînées mécaniquement. Il convient de lui donner de grandes dimensions, car son bon fonctionnement diminuera sensiblement la consommation de vapeur et la consommation d'eau froide dans le condenseur. Cette installation est particulièrement utile lorsque l'eau d'injection pour la condensation est coûteuse ou lorsqu'on est limité pour sa quantité, ou bien encore dans le cas où la lessive faible pénétrerait froide dans l'appareil. On dispose le ou les réchauffeurs de préférence de telle sorte que l'eau condensée puisse être évacuée automatiquement au moyen d'un tube barométrique, par exemple sur la même charpente que le condenseur. On évite ainsi l'emploi d'une pompe spéciale qui serait nécessaire pour l'extraction de l'eau condensée, si le réchauffeur était placé au niveau du sol.

5. *Filtres.* — Pour séparer la lessive concentrée des matières solides qu'elle peut contenir en suspension, on emploie généralement, lorsque l'appareil n'est pas muni d'un système d'extraction automatique des sels déposés pendant la concentration, des sucettes, dans lesquelles la couche filtrante est constituée par une garniture de sable, de calcaire concassé ou de coke reposant sur un faux fond perforé.

§ III. — *Application des appareils à évaporer sous pression réduite à l'industrie des produits chimiques.*

Dale paraît être le premier qui ait songé à utiliser la chaleur latente de la vapeur pour l'évaporation des lessives salines. Son procédé, breveté en 1859 et appliqué dans la fabrique de Roberts,

Dale et C°, à Warrington (Angleterre), consistait à remplacer l'eau dans l'alimentation des générateurs par une lessive de soude caustique faible. La lessive était concentrée dans la chaudière jusqu'à une densité de 1,25 (environ 28° Baumé) ; la vapeur dégagée par l'ébullition était dirigée dans le serpentin de chauffe d'une deuxième chaudière à évaporer sous pression réduite et la vapeur produite dans cette deuxième chaudière était encore utilisée pour le chauffage d'une troisième, la pression allant en décroissant d'une chaudière à l'autre.

L'évaporation de lessives caustiques dans les générateurs présente l'inconvénient de donner lieu à une abondante production de mousse, lorsqu'on atteint un certain degré de concentration. On l'évite en disposant dans la chaudière, au-dessus du coup de feu, un entonnoir en fonte dont la pointe est dirigée vers le haut et dont les bords ne se trouvent en contact avec les parois de la chaudière qu'en un nombre restreint de points : la mousse et le dégagement de bulles gazeuses se produisent en majeure partie au-dessous de l'entonnoir et en s'élevant dans le col de l'entonnoir, elles entraînent des parties liquides qui s'écoulent par la partie supérieure et abattent la mousse en retombant sur le liquide en ébullition.

Cette méthode de concentration ne peut convenir que pour des lessives parfaitement désulfurées, car en présence de sulfures alcalins, la tôle du générateur est fortement attaquée ; en outre, il faut avoir soin de ne pas dépasser le degré de concentration auquel les sels étrangers commencent à se déposer.

En France, l'emploi des appareils à multiples effets, pour la concentration des lessives de soude, a été breveté en 1881 par M. **J. Buffet**, à l'époque administrateur délégué des établissements Malétra, de Rouen, en vue de la fabrication des cristaux de soude. Les lessives faibles, à 16°-20° Baumé, provenant du lessivage de la soude brute Le Blanc (contenant 115 à 120 gr. Na^2CO^3 et 45-50 gr. $NaOH$ par litre), après avoir été convenablement désulfurées, étaient évaporées dans des chaudières en fer, d'une disposition analogue à celle des triples effets de sucrerie, sous une dépression correspondant à une température d'ébullition de la lessive de 50°. Les liqueurs carbonatées pour cristaux étaient évaporées jusqu'à 36° ; la concentration des lessives caustiques ne dépassait pas 28° à 33° Baumé, degré auquel il ne se dépose pas encore beaucoup de sel. L'appareil continu comprenait 4 caisses à évaporation sous pression réduite, chacune des deux premières de la série recevait alternativement la lessive faible qui s'écoulait ensuite, soit dans l'une, soit dans l'autre des chaudières suivantes dont la partie inférieure évasée servait de réservoir collecteur pour les cristaux déposés qui étaient retirés de

11

temps à autre par une porte. Cette installation fonctionnait en 1881 aux établissements Malétra de Petit Quevilly; toutefois, les cristaux qu'elle produisait étaient de qualité inférieure, sans doute parce que toutes les impuretés de la lessive cristallisaient en même temps que le carbonate de soude au lieu d'être éliminées dans les eaux-mères, aussi le système fut-il bientôt abandonné (*Chem. Ind.*, 1882-111).

En Allemagne, le premier industriel qui ait appliqué les appareils à évaporer sous pression réduite et à multiples effets pour la concentration des dissolutions salines est **L. Wuestenhagen**, à Hecklingen, près Stassfurt. La disposition primitive, brevetée par lui (brev. all.; n° 14.015, 1880), consistait à diriger dans le faisceau tubulaire d'une caisse à évaporer, dans laquelle on faisait le vide, la vapeur dégagée par l'ébullition de la solution saline dans des chaudières closes, après l'avoir toutefois surchauffée par son parcours dans une série de tubes chauffés par les gaz du foyer avant leur passage dans la cheminée. L'appareil servait à l'évaporation de solutions de chlorure de potassium (*Chem. Ind.*, 1881-254).

Cette disposition, qui a reçu successivement de nombreux perfectionnements, a été décrite par *J. Dannien* (*Zeit. f. angew.*, *Chem*, 1892-480) dans sa forme la plus moderne, telle qu'elle est généralement adoptée dans les usines de la région de Stassfurt pour l'évaporation des solutions de chlorures de potassium et de magnésium, de sulfate et de carbonate de potasse. La solution faible est soumise à une évaporation préliminaire dans deux ou trois chaudières préparantes, chauffées à feu direct par les flammes d'un foyer extérieur et munies intérieurement de trois tubes de chauffage dont deux servent au retour de flammes (chaudières de Precht). Ces chaudières sont recouvertes d'un dôme et entourées de maçonnerie; la vapeur, qui s'en échappe, avec une pression de 0,3 atmosphères en excès sur la pression atmosphérique, est dirigée indifféremment dans le faisceau tubulaire d'un système de deux caisses horizontales fonctionnant comme double effet, mais pouvant chacune d'elle alternativement communiquer, par le condenseur, avec la pompe à air.

L'alimentation des caisses s'effectue très simplement, sous l'influence du vide déterminé dans l'appareil par la pompe a air par aspiration de la lessive partiellement concentrée et chaude dans les chaudières préparantes placées à un niveau inférieur à celui des caisses. Une vive ébullition de la lessive prévient l'incrustation des tubes, le sel déposé qui se rassemble dans le fond de la caisse est évacué périodiquement par des ouvertures ménagées sur le devant de l'appareil et tombe dans un filtre. La pratique a indiqué qu'il faut, pour ce genre de travail, préférer les chaudières horizontales aux chaudières verticales, car elles offrent plus de surface pour le rassemblement du sel dans le fond de la caisse.

Le premier appareil à évaporer les solutions salines *sous pression réduite, avec évacuation continue du sel déposé pendant la concentration*, a été breveté en 1885 par la société « **Kaliwerke Aschersleben** » (brev. all. n° 34.034, 1885). Dans cet appareil, la lessive concentrée, mélangée au sel déposé, s'écoule continuellement par la partie inférieure de la chaudière à évaporer, malgré l'influence du vide qui règne dans la caisse à la surface du liquide. A cet effet, l'appareil est combiné avec un tuyau barométrique de vidange dont l'extrémité inférieure plonge dans un réservoir collecteur ; ce tuyau est entouré d'un manchon de chauffe pour le préserver du refroidissement. Comme par suite des variations de pression dans la chaudière, l'écoulement de la solution saline ne pourrait s'opérer régulièrement, on règle continuellement la hauteur de la colonne liquide barométrique d'après la pression existant dans la caisse à évaporer, ce qu'on réalise en faisant varier le niveau du liquide dans le réservoir collecteur. On obtient ce résultat en élevant ou en abaissant soit le réservoir collecteur lui-même, soit le tuyau d'écoulement dont ce réservoir est pourvu. A cet effet, on peut le terminer en col de cygne et rendre sa partie coudée rotative autour de l'extrémité droite pénétrant dans le récipient ou bien employer un tuyau vertical coulissant dans un presse étoupe (*Chem. Zeit.* 1886-210).

La figure 42 représente la disposition de cet appareil. La chaudière A est reliée à l'aide de la tubulure *a* avec la pompe

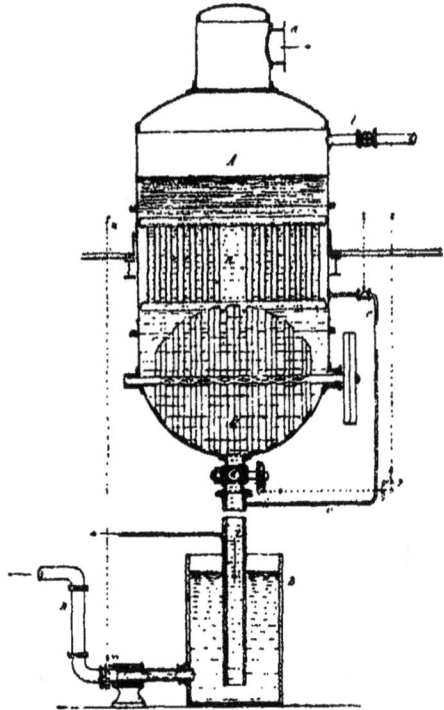

Fig. 42.

à air, la lessive pénètre dans l'appareil par le tuyau *b*. Le robinet *d* peut être manœuvré au moyen d'un engrenage (tracé en pointillé dans la figure) afin d'éviter que, par suite de perturbations dans la marche de l'appareil, la chaudière ne vienne accidentellement à se vider. Ainsi que nous l'avons fait remarquer plus haut, la hauteur du tuyau de décharge *i*, entouré d'un manchon pour le chauffage, doit être réglée de manière à ce que la colonne liquide soit en équilibre avec la pression extérieure ; lorsque l'appareil comprend plusieurs chaudières, elle devra donc varier de l'une à l'autre suivant la pression correspondante. L'eau condensée dans le manchon de chauffe *i* s'écoule par *l*; le niveau de la lessive dans le récipient B est réglé à l'aide du tuyau d'écoulement *n*, mobile en *w* autour de son axe. L'appareil fonctionne de la manière suivante : le robinet *d* étant ouvert, la lessive introduite dans B s'élève dans la chaudière par la partie inférieure sous l'action du vide déterminé par la pompe à air en *a* ; on donne accès à la vapeur de chauffage et le liquide ayant atteint le niveau qui correspond à la pression, on met en mouvement le malaxeur G ; on dirige un courant d'eau chaude ou de vapeur dans la double enveloppe de *i* et on règle l'ouverture du robinet du tuyau d'admission de la lessive *b* de manière à assurer une affluence régulière et continue dans la chaudière.

La lessive circule continuellement dans A à travers les tubes de chauffage *r* et le tuyau central R, de telle sorte que la solution la plus dense, mélangée aux sels déposés, tombe au fond de la chaudière dans laquelle elle est maintenue en agitation continuelle par le malaxeur G et est finalement déchargée, par le tuyau *i*, dans le réservoir collecteur B duquel elle est évacuée par *n*. Comme nous l'avons vu, on peut modifier à volonté l'inclinaison de ce tuyau de manière à faire varier la hauteur de la colonne liquide suivant les variations de pression dans la caisse, ce qui permet d'assurer la régularité de l'écoulement. *(Wagnier Fischer Jahresb. 1886-396.)*

Les figures 43-45, représentent l'appareil breveté par **Sigismund Pick**, à Szezakowa (Galicie) (brev. all. n° 55,316, 1890). Une chaudière verticale à évaporer sous pression réduite communique par sa partie inférieure de forme conique A avec un récipient filtreur d'une disposition très simple : il consiste en une chambre supérieure C, qui reçoit les sels déposés, en un tamis filtrant G, et en une partie inférieure H, dans laquelle se rassemble la lessive filtrée. Cette disposition fonctionne de la manière suivante : l'air ayant été raréfié dans la chambre C, au moyen d'un tuyau qui le met en communication avec la partie supérieure de la chaudière, on ouvre la valve B et on fait tomber dans la chambre C le sel qui s'est déposé dans le fond conique A de la caisse à évaporer; puis on ferme la valve B et on admet l'air par le robinet E. La lessive se sépare du sel par filtration sous pression réduite et retourne dans la chaudière, sous l'influence du vide, par le tuyau de communication mentionné plus haut. Le robinet F permet d'aspirer de l'eau, de la lessive et de l'air chaud pour laver et sécher les sels recueillis sur le filtre, la vidange s'opère par la porte M. (*Chemik. Zeit.*, 1895, p. 375.)

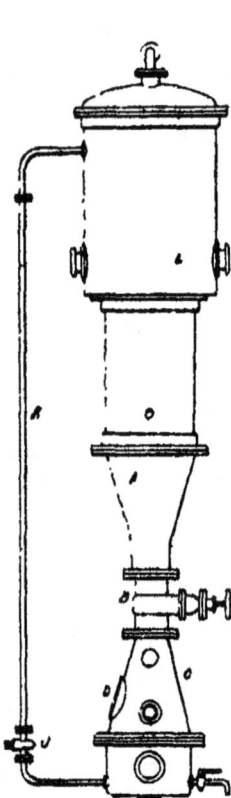

Fig. 44.

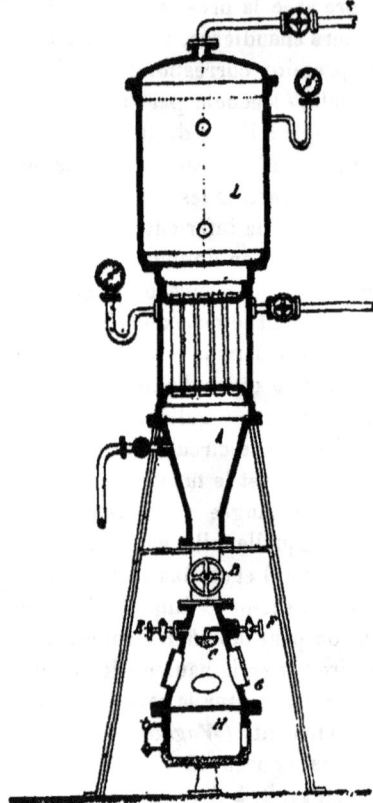

Fig. 43.

Un autre type d'appareil à évaporer sous pression réduite, destiné primitivement uniquement à l'évaporation du jus sucré, mais qui a reçu dans ces dernières années d'assez nombreuses applications dans l'industrie des produits chimiques, notamment en Angle-

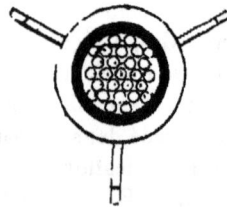

Fig. 45.

terre et en Ecosse, pour la récupération des alcalis dans la fabrication des pâtes à papier, est le *Multiple effect évaporator* breveté en 1888, par A. **Chapman** (brev. angl., nᵒˢ 1.752 et 2,511) et construit par MM. Fawcett Preston et Cᶦᵉ à Liverpool.

Il a été décrit dans la *Sucrerie Indigène*, tome XXVII, page 18.

Les chaudières à évaporer, au nombre de trois ou de quatre, sont mises en communication au moyen de siphons dont la longueur et le diamètre sont calculés de manière à obtenir une circulation continuelle et automatique de l'eau de condensation dont la chaleur est utilisée et de la lessive qui traverse, sans y séjourner, les tubes d'évaporation : la lessive introduite dans le fond de la chaudière, s'élève rapidement à travers les tubes de chauffage et, arrivée à la partie supérieure, s'écoule dans le fond de la chaudière suivante par un tube surmonté d'un entonnoir qui débouche un peu au-dessus de la plaque tubulaire supérieure. Ce tube traverse la chambre de chauffe, se prolonge d'environ 30 centimètres au-dessous de la partie inférieure de la chaudière et pénètre ensuite dans le fond de la caisse suivante. L'eau chaude, condensée dans la première caisse, s'écoule, au moyen d'un siphon renversé, dans l'espace intertubulaire de la chaudière suivante et contribue ainsi au chauffage. La circulation de la lessive à travers les caisses est très rapide et le rendement de l'appareil est considérable.

D'après le Dr Lunge (*Handb. der Soda industrie*, 2e édition allem., II-661), les rendements suivants auraient été obtenus à la *Hendon Paper Works*, près Sunderland, à l'aide d'un quadruple-effet : l'appareil à concentré 200.000 gallons de lessive résiduelle ayant une densité de 1,027 (4º Baumé) à la température de 71º (soit 933 tonnes 2) et a produit 29,370 gallons à la densité de 1,232 (27º Baumé) et à la température de 52º (soit 164 tonnes 4) avec une dépense de 20 tonnes 11 3/4 quintaux (= 20,930 kilog.) de charbon, 1 kilog. de charbon a donc évaporé :

$$\frac{933.2 - 164.4}{20.930} = 36 \text{ kil. } 7 \text{ d'eau.}$$

Ce rendement élevé est principalement du, d'après les constructeurs, à l'utilisation de la chaleur contenue dans les eaux de condensation.

Parmi les appareils basés sur le principe de l'évaporation à effets multiples qui, dans ces derniers temps, ont reçu de très nombreuses applications dans l'industrie des produits chimiques, il convient de citer tout spécialement le concentreur *Yaryan* dont l'inventeur est M. *Homer Taylor Yaryan*, manufacturier à Toledo, qui l'a breveté en 1886 en Amérique. Depuis cette époque cet appareil a reçu, dans sa construction, de nombreux perfectionnements qui en font actuellement un des appareils les plus parfaits et les plus puissants du genre.

Il se différencie essentiellement des triple-effets ordinaires de sucrerie en ce qu'il permet une circulation méthodique et très

rapide des liquides à concentrer. Il consiste, dans ses parties prin-
cipales, en une série de chaudières cylindriques (dont le nombre est
proportionné à celui des effets que
l'on se propose d'obtenir) disposées
soit horizontalement les unes à côté
des autres, soit superposées en une
ou deux colonnes, munies intérieurement d'un système de tubes, réunis
par leurs extrémités en serpentins, et
dans lesquels circule la liqueur à concentrer. Ces tubes, chauffés extérieurement par la vapeur répandue dans
l'espace cylindrique, servent les uns
au chauffage préliminaire, les autres
à l'évaporation du liquide.

Une autre disposition de l'appareil, adoptée surtout pour les appareils d'une grande puissance de production, consiste à placerles tubes de
chauffage, non plus dans l'intérieur
des chaudières, mais extérieurement,
dans les cylindres spéciaux, analogues aux réchauffeurs de sucrerie, et
qui sont traversés par la liqueur à
concentrer avant son introduction
dans les tubes d'évaporation des
chaudières. La lessive faible est amenée dans l'appareil en petit courant
continu au moyen d'une pompe ; les
tubes d'évaporation sont fixés dans
des plaques tubulaires recouvertes
d'une porte cellulaire mobile ; un ti-
roir règle l'admission régulière et
simultanée de la lessive dans tous les
tubes d'évaporation,

Chaque chaudière communique
avec un *séparateur*, c'est-à-dire avec
un espace cylindrique clos garni intérieurement de deux diaphragmes
contre lesquels vient frapper le mélange de liquide partiellement con-

Fig. 46.

centré et de vapeur, au sortir des tubes d'évaporation. Le liquide
se réunit dans le fond du cylindre et la vapeur s'échappe par

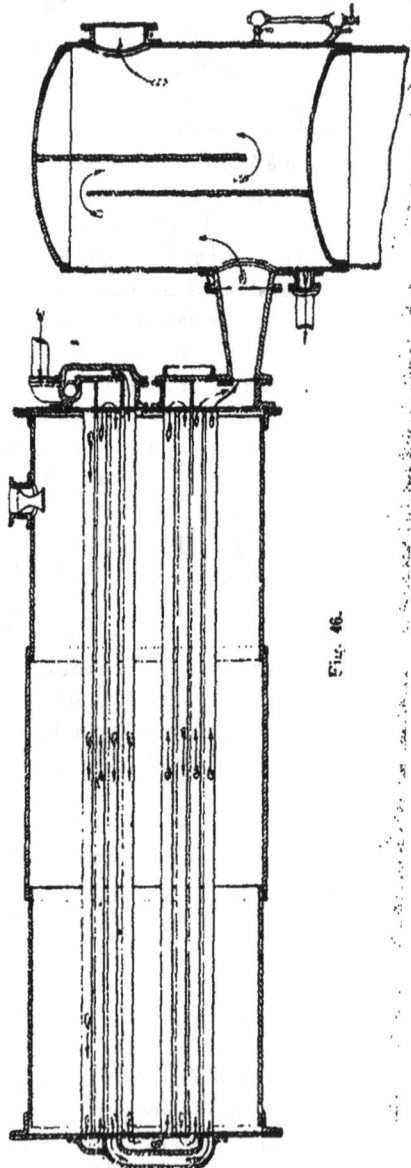

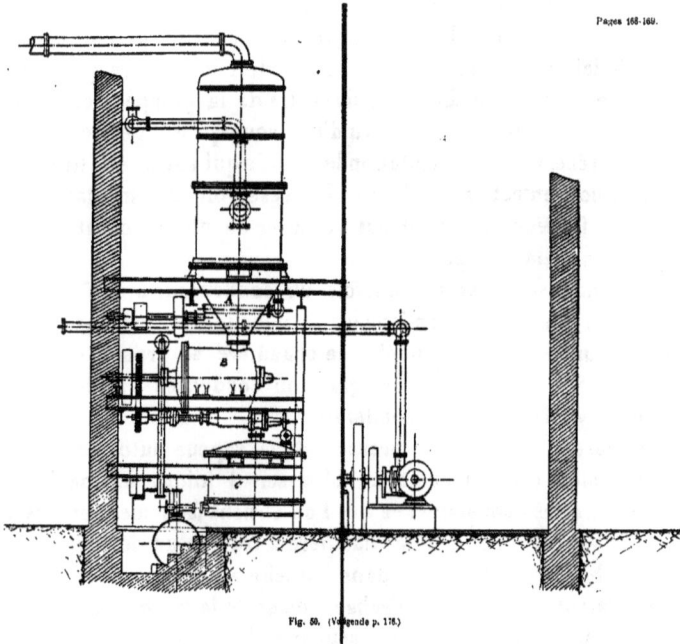

Fig. 50. (Vervolgende p. 175.)

la partie supérieure pour se rendre dans le corps cylindrique de la chaudière suivante. Cette disposition est indiquée en coupe par la figure 46. Les séparateurs sont superposés en colonne verticale sur le côté des chaudières, le dernier d'entre eux, au bas de la colonne est en relation avec la pompe à air par l'intermédiaire du condenseur ; entre le dernier séparateur et le condenseur on intercale un vase de sureté pour retenir les parties de lessive concentrée qui pourraient être entraînées mécaniquement.

L'appareil est desservi par une série de pompes, généralement actionnées par la même machine : pompe à air, pompe d'alimentation en lessive faible, pompe d'extraction de la lessive concentrée et pompe d'extraction de l'eau condensée dans les divers espaces intertubulaires et accumulée dans la dernière chaudière (chaudière inférieure) de la série. Le tuyau de sortie de la pompe d'extraction du liquide concentré est pourvu d'une soupape qui permet de renvoyer au réservoir d'alimentation le liquide qui aurait été tiré à un degré de concentration insuffisant. Le réservoir d'alimentation est muni d'un flotteur qui a pour but d'assurer un niveau constant pour l'aspiration de la pompe.

Le condenseur est quelquefois un condenseur à surface, mais plus généralement un condenseur à injection ou un condenseur barométrique. Au-dessus de chaque chaudière se trouve un tuyau d'échappement pour l'air et les gaz non condensés qui les dirige dans un tuyautage relié au condenseur.

En marche normale, la pression de la vapeur autour des tubes de la première caisse ne doit pas dépasser 3 kilog. au maximum, elle doit être très constante, ce que l'on obtient facilement en faisant passer la vapeur directe de la chaudière à travers un détendeur ; du reste la chaudière supérieure dans laquelle arrive la vapeur directe du générateur et la vapeur d'échappement de la machine actionnant les pompes, est pourvue d'une soupape de sûreté qui doit être réglée de manière à être soulevée et à avertir par un sifflement lorsqu'accidentellement la pression dépasse 3 kilog. Le vide dans le condenseur relié à la pompe à air, doit être aussi parfait que possible : 690 à 700 m. m. L'expérience a démontré les meilleurs résultats, au point de vue de l'économie du combustible, sont obtenus lorsque l'appareil fournit le maximum de sa production.

Le fonctionnement de l'appareil est le suivant : la lessive faible, prise par la pompe, avec une vitesse réglable à volonté, dans le réservoir d'alimentation, est d'abord refoulée à travers les tubes de chauffage placés sur le côté, à l'intérieur des cylindres (ou suivant le cas, dans les réchauffeurs spéciaux) et s'élève de la chaudière inférieure, en passant à travers tous les tubes de chauffage, dans la chaudière supérieure qui est naturellement la plus chaude, puisqu'elle reçoit la vapeur directe; elle y pénètre à la température de l'ébullition et est déchargée dans une petite chambre, derrière la porte de recouvrement de la plaque tubulaire, d'où elle est refoulée dans les tubes d'évaporation de la première rangée.

Pour régler l'alimentation dans cette première chaudière on ouvre la valve d'admission un peu plus qu'il n'est nécessaire dans les chaudières suivantes pour lesquels il suffit que le liquide apparaisse dans les tubes de niveau du séparateur. Après avoir traversé toute la série de tubes, la lessive partiellement concentrée, mélangée avec la vapeur dégagée pendant l'ébullition, vient se déverser dans le premier séparateur, la vapeur s'échappe par la partie supérieure et vient se répandre à l'intérieur de la deuxième chaudière, tandis que la lessive pénètre de la même façon que précédemment dans les tubes à évaporation de cette chaudière après avoir traversé une toile métallique destinée à retenir les particules solides, fragments de tartre détachés, etc. qui auraient pu être entraînées.

La lessive et la vapeur continuent ces mêmes parcours jusque dans le dernier séparateur au sortir duquel la vapeur se dirige vers le condenseur, tandis que le liquide concentré est extrait par la pompe. L'eau condensée dans toutes les caisses vient s'accumuler dans la dernière, de laquelle elle est extraite par une pompe; le tuyau reliant la chaudière à cette pompe est pourvu d'une disposition permettant de prélever un échantillon du liquide, afin de s'assurer qu'il est constitué par de l'eau distillée pure et que, par conséquent, la séparation de la lessive et de la vapeur a été complète dans les séparateurs.

En marche normale, dans un appareil à quadruple effet, lorsque la vapeur employée au chauffage a une pression de 3 kilogr., la pression est d'environ 1 kilogr. dans la première chaudière et le vide atteint respectivement 130, 420 et 670 millim. dans les chaudières suivantes. Une diminution de pression dans la seconde caisse est généralement l'indice d'incrustation des tubes d'évaporation de la première caisse. Il importe de n'alimenter l'appareil qu'avec des lessives propres, exemptes de matières solides en suspension. Après chaque arrêt de l'appareil, toutes les 24 heures si l'appareil est en marche continue, il convient de procéder au lavage des tubes, ce qui s'opère très facilement en refoulant de l'eau chaude à travers ces tubes, au moyen de la pompe d'alimentation. Cette opération, bien conduite, ne produit qu'une petite quantité de lessive faible. Lorsque le rendement de l'appareil diminue, il faut en chercher la raison dans l'incrustation des tubes par suite du dépôt de sels pendant l'évaporation.

Il faut alors les gratter et les brosser; on peut aussi casser les incrustations en dirigeant à travers les tubes un courant de vapeur jusqu'à ce que la pression atteigne 1-1,5 kilogr. dans toutes les chaudières, on maintient cette pression pendant une dizaine de minutes, on retire ensuite la vapeur et on refoule de l'eau froide à travers les tubes jusqu'à ce qu'elle sorte froide de l'appareil; on arrête alors l'introduction de l'eau et on vide l'appareil.

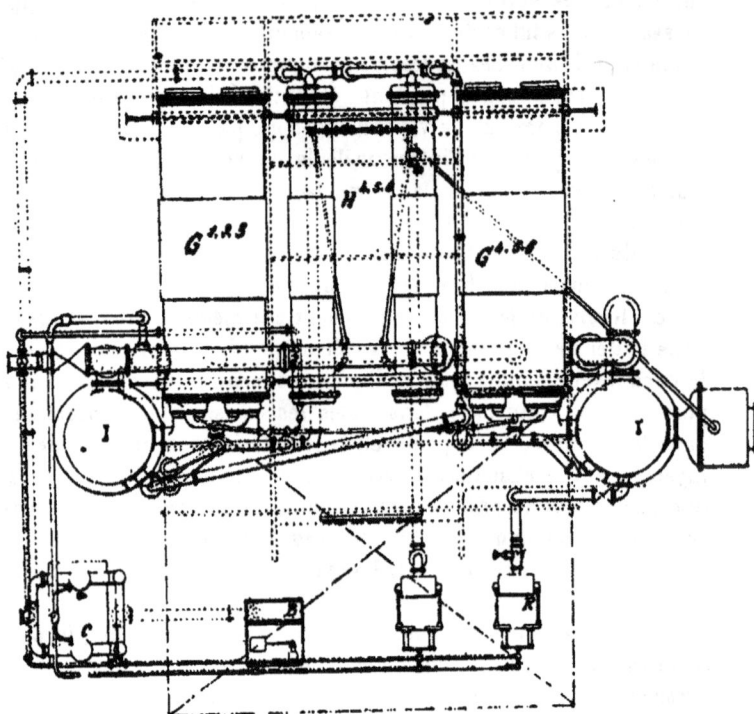

Fig. 47.

En répétant cette opération plusieurs fois, s'il est nécessaire, on aura raison des incrustations les plus dures et on obtiendra un nettoyage parfait. On peut aussi faire un lavage à l'acide chlorhydrique étendu.

En vue du lavage et du nettoyage, chaque chaudière est pourvue d'un tuyautage spécial pour l'eau et la vapeur, de manière à permettre de nettoyer à volonté les tubes de chaque chaudière isolément.

Les figures 47 et 48 représentent, en élévation et en plan, la disposition d'un appareil Yaryan d'une grande puissance évaporatoire construit par la *Mirless Watson and Yaryan Company L^{td}* dans ses ateliers de Scotland street, à Glasgow, et installé par les soins de MM. Wilson et Clyma, de Lille, agents généraux de cette Compagnie en France, dans la soudière de MM. Solvay et Cie, à Varangéville. La figure 46 représente une coupe à travers une chaudière à évaporer et son séparateur. L'appareil est destiné à l'évaporation et à la concentration des lessives de soude caustique. C'est un sextuple-effet comprenant par conséquent six chaudières à évaporation G^1-G^6 et six réchauffeurs extérieurs, H^1-H^6, traversés par la lessive faible

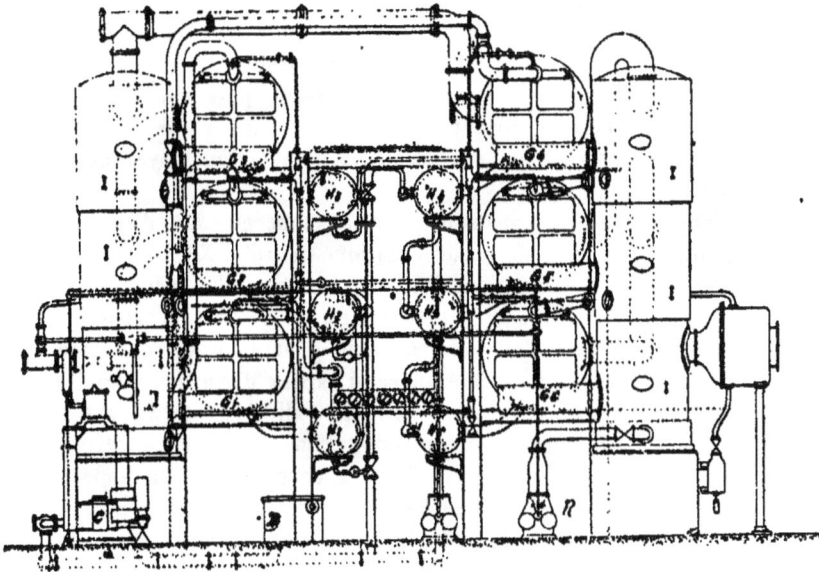

Fig. 48.

avant son introduction dans les caisses à évaporer. Les six chaudières sont disposées, dans le sens de leur longueur, en deux colonnes verticales de 3 effets chacune; il en est de même des réchauffeurs. La lessive faible, aspirée par la pompe d'alimentation C dans le réservoir B, est refoulée dans les tubes du réchauffeur H^6, au bas de la colonne de droite, dans lequel elle est chauffée par la vapeur provenant de l'ébullition dans la cinquième caisse et par l'eau condensée dans le sixième effet; puis elle s'élève dans les deux réchauffeurs suivants de cette colonne, passe dans le réchauffeur supérieur de la colonne de gauche et descend dans le dernier réchauffeur, H^1, de la série. Après avoir effectué ce parcours à travers les réchauffeurs, la lessive, portée à la température de l'ébullition ou à une température voisine, pénètre dans le faisceau tubulaire de la caisse inférieure de gauche qui constitue le premier effet; il est chauffé par la vapeur directe du générateur et par la vapeur d'échappement de la machine qui actionne les pompes. Au sortir des tubes d'évaporation de cette chaudière, la lessive, après avoir traversé le premier séparateur I au bas de la colonne de gauche, doit s'élever dans la deuxième, puis dans la troisième chaudière de la colonne : cete ascension est déterminée par la différence de pression qui règne entre la première caisse et les deux caisses suivantes et qui est due, d'une part à la pression de la vapeur directe de la chaudière dans la première caisse, de l'autre à la raréfaction de l'air exercée dans le condenseur final. Au sortir du troisième effet, la lessive, partiellement concentrée, passe dans la quatrième caisse, au sommet de la colonne de droite, puis elle descend dans les deux caisses suivantes et est finalement soutirée au degré de concentration voulu dans le dernier séparateur au moyen de la pompe R.

L'appareil a été construit pour la concentration d'environ 600 tonnes de lessive de soude caustique de 16° à 30° Baumé par 24 heures, ce qui correspond à une évaporation d'un peu plus de 300 tonnes d'eau. On a garanti le rendement de 4 à 1, c'est-à-dire que une partie de vapeur provenant du générateur et condensée dans la première caisse doit évaporer 4 parties d'eau. Il en résulte que si 1 kilogramme de charbon produit 8 kilogrammes de vapeur vive dans la chaudière, ce même kilogramme de charbon évaporera $8 \times 4 = 32$ kilogr. d'eau dans le concentreur. La vapeur nécessaire pour actionner les différentes pompes annexées à l'appareil et celle employée pour le chauffage préliminaire de la lesive, jusqu'à la température d'ébullition, sont comprises dans cette consommation. Il résulte d'expériences soignées que le rendement moyen obtenu dans la pratique a été supérieur à la garantie donnée.

D'après M. Hochstteter qui, en 1894, a publié une étude fort intéressante sur la première application en France du concentreur Yaryan pour l'évaporation de la lessive de soude caustique à l'usine de la Madeleine-les-Lille (anciens établissements Kuhlmann), la vaporisation constatée a été de 22 kilogr. 500 par kilogramme de charbon évaporant 7 kilogr. au générateur : l'appareil employé était un quadruple effet composé de 4 caisses cylindriques de 5 mètres de longueur sur 0 m. 50 de diamètre, munies chacune de 10 tubes longitudinaux en fer; la vapeur était admise dans la première caisse sous une pression de 2 kilogr. et le vide, dans le quatrième séparateur, atteignait 700 millim.; l'appareil a évaporé 1,200 kilogr. d'eau par heure et a concentré la lessive de 17°-18° Baumé à 28°-30° C, à 32° Baumé et 60° C ; l'eau distillée ne contenait que des traces d'alcali et avait 72° C ; la température de l'eau du condenseur était en moyenne 27°. En quadruple effet, la garantie donnée par les constructeurs de l'appareil est de 3 kilogr. d'eau évaporée par kilogr. de vapeur fourni, c'est-à-dire une vaporisation de $3 \times 8 = 24$ kilogr. d'eau par kilogr. de charbon, si le générateur donne un rendement de 8.

Les applications de l'appareil Yaryan, primitivement employé uniquement en Amérique pour l'évaporation des jus sucrés, sont aujourd'hui très nombreuses dans l'industrie chimique. Une des premières applications qui en a été faite, en dehors de la sucrerie, a été en vue de la production de l'eau douce, par la distillation de l'eau de mer, à Perim, dans la Mer Rouge.

L'appareil employé est un sextuple effet, avec condenseur à grande surface et deux réchauffeurs tubulaires. Le rendement, constaté dans des expériences très sérieuses, a été de 40 kilogr. d'eau distillée par kilogr. de houille dosant 12-13 p. 100 de cendres. Cette application du concentreur Yaryan est des plus intéressantes pour la marine, en raison de l'économie et de la facilité avec laquelle elle permet de réaliser la production de l'eau douce sur les navires et dans les colonies.

Parmi les autres applications de l'appareil, sanctionnées par la pratique, en dehors des sucreries, glucoseries, distilleries, etc., il y a lieu de citer la récupération des alcalis dans la fabrication de la pâte à papier, la préparation du lait condensé et de l'extrait de viande, la concentration des eaux glycérineuses des stéarineries et des savonneries, la fabrication des colles et de la gélatine, et enfin une application nouvelle : l'évaporation des eaux minérales, en vue de l'obtention des sels qu'elles contiennent. La Compagnie fermière de Vichy a fait installer récemment à cet effet un sextuple-effet système Yaryan, dans lequel l'eau minérale est évaporée jusqu'à 30° Baumé ; les sels sont ensuite retirés par cristallisation.

Cette installation a été complétée depuis peu par l'installation d'une chaudière système *Neuman* et *Esser*, avec séparation automatique des sels déposés (qui sera décrite plus bas), dans laquelle s'opère l'évaporation finale, avec péchage des sels, ce qui supprime les cristallisoirs. L'eau de Vichy contenant en moyenne 6 kilogr. de sel par M³, l'évaporation est de $\dfrac{994}{1,000}$; la consommation de charbon a été ainsi réduite au quinzième de ce qu'elle était auparavant.

Signalons enfin un mode d'application qui présente une économie sérieuse dans certains cas spéciaux : il consiste à ne marcher qu'à simple ou à double-effet, mais à haute pression, de telle sorte que la vapeur produite dans le dernier effet soit à une pression supérieure à la pression atmosphérique et puisse être utilisée. Cette disposition a été adoptée dans une fabrique de produits chimiques pour la concentration de lessives de soude caustique, la vapeur produite par l'ébullition étant ensuite injectée dans les chambres de plomb, pour la fabrication de l'acide sulfurique. Dans ce cas on réalise, jusqu'à un certain point, l'évaporation gratuite de la lessive, car le dernier effet produit théoriquement autant de vapeur que le premier n'en reçoit de la chaudière.

En résumé, les principaux avantages réalisés par l'appareil sont : une grande puissance d'évaporation pour une faible surface de chauffe, la circulation continue du liquide s'opérant en couche mince et très rapidement à travers les tubes, il s'en suit que l'encombrement de l'appareil est bien moindre que pour des appareils d'égale puissance de tout autre système ; une grande facilité de conduite et de nettoyage, l'appareil fonctionnant automatiquement, il suffit d'un homme pour assurer le service de toutes ses parties, la suppression des entraînements et de la mousse, grâce à la disposition des séparateurs, enfin la possibilité de rendements très élevés que l'on peut réaliser en augmentant le nombre des effets jusqu'à huit à dix, lorsqu'on a en vue le maximum possible de l'économie en charbon, car par suite de la rapide circulation en couche mince signalée plus haut, la chute de température d'une caisse à l'autre est beaucoup plus réduite que dans les triple-effets ordinaires, ce qui permet d'augmenter les effets jusqu'à l'extrême limite que la comparaison des frais de premier établissement avec l'économie réalisable ne permettent pas de dépenser [1].

Par contre, le concentreur Yaryan présente un inconvénient qui dans certains cas particuliers peut restreindre son emploi : le degré de concentration que l'on peut atteindre dans cet appareil est limité par la formation d'un dépôt de sels insolubles dans les solutions concentrées, car l'appareil n'est pas disposé en vue de l'extraction des sels déposés. Ce cas se présente notamment lorsqu'il s'agit d'évaporer les solutions de soude caustique étendues obtenues par l'électrolyse du sel marin, qui contiennent, comme nous l'avons vu, de notables proportions de sel indécomposé, insoluble dans une lessive de soude caustique d'une certaine concentration. Le même

1. Le mérite d'avoir introduit et propagé en France le concentreur Yaryan appliqué à l'industrie des gros produits chimiques revient à M. *Kestner*, ingénieur de la maison *Wilson* et *Clyma*, de Lille. L'auteur de cette notice doit à son obligeance des renseignements et des dessins très circonstanciés dont il a fait largement usage pour sa rédaction. Il lui en exprime ici ses bien sincères remercîments.

cas se présente lorsque l'on veut évaporer au-dessus de 35° Baumé des solutions caustiques de soude Leblanc ou de soude à l'ammoniaque : les appareils que nous allons décrire présentent alors de très grands avantages, non seulement en ce qu'ils permettent l'évacuation des sels déposés, mais encore parce que, dans la concentration entre 40° et 60° Baumé, on obtient une évaporation septuple, même en simple effet, tandis que, dans les mêmes limites de concentration, un kilogramme de charbon n'évapore guère que deux kilogrammes d'eau dans les appareils d'évaporation usités jusqu'à ce jour.

Le Dᵣ L. *Kaufmann*, directeur des ateliers de construction de la maison *Neuman* et *Esser*, à Aix-la-Chapelle, à laquelle il a apporté le fruit d'expériences personnelles acquises dans la fabrication des produits chimiques, s'est appliqué à vaincre la difficulté que nous venons de signaler, et a réussi à doter l'industrie chimique d'un nouveau type d'appareil, pourvu de dispositions fort ingénieuses, qui permettent de supprimer complètement l'inconvénient dû à la formation de dépôts pendant l'évaporation et de pousser la concentration à son extrême limite (jusqu'à 60° Baumé pour les lessives caustiques de soude et pour les solutions de chlorates alcalins).

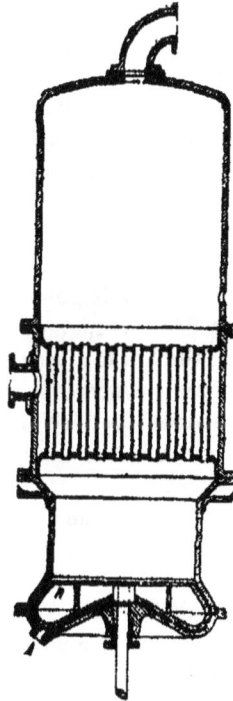

Fig. 49.

Le premier brevet pris à cet égard par M. Kaufmann, date de 1893 (brev. all. n° 75.421), il est relatif à une disposition, permettant de réaliser l'évacuation périodique ou continue des sels déposés pendant la concentration, sans qu'il soit pour cela nécessaire de casser le vide dans l'appareil. La partie inférieure de la caisse à évaporer, à laquelle on a donné une conformation particulière, est exactement épousée par un malaxeur (fig. 49) R, mis extérieurement en mouvement au moyen d'un arbre passant hermétiquement à travers un presse-étoupe, avec une vitesse phériphérique qui correspond à la relation $v^2 = \dfrac{p}{\gamma} 2\,g$, dans laquelle p = l'intensité du vide existant dans la chaudière, exprimée en mètres d'eau ; γ le poids spécifique du sel, g l'accélération de la pesanteur. On obtient ainsi l'évacuation continue ou périodique des sels déposés, en surmontant la pression atmosphérique. Si par exemple le diamètre du malaxeur est 1 m. 8, le vide dans l'appareil 600 millimètres (= 8 mètres d'eau) et la densité du sel 1,4, le malaxeur devra tourner avec une vitesse de 108 tours à la minute. Lorsque l'appareil comprend plusieurs caisses d'évaporation, le nombre de tours du malaxeur devra naturellement être proportionné, dans chacune des caisses, au vide existant.

Dans la pratique, la disposition que nous venons de décrire présentait l'inconvénient d'une usure rapide de l'appareil, en outre, son fonctionnement normal était trop dépendant de la bonne marche de la condensation. Ces considérations ont déterminé récemment M. Kaufmann à adopter une autre disposition qui a fait l'objet d'un nouveau brevet.

Elle varie suivant l'importance de la quantité de sels déposés pendant l'évaporation. Lorsque cette quantité n'est pas trop forte, on emploie la disposition suivante (fig. 50) : la partie inférieure de la caisse à évaporer A, à laquelle on donne une forme conique allongée, communique avec un « séparateur » de forme cylindrique B, traversé horizontalement en son milieu par un arbre malaxeur et qui peut lui-même être mis en communication, au moyen d'une valve, avec un récipient C. Ce dernier peut fonctionner à la fois comme filtre et comme malaxeur pour la dissolution des sels par l'eau et la vapeur. A la partie inférieure de ce récipient se trouve un transporteur hélicoïdal, d'une construction particulière, qui a fait spécialement l'objet d'un brevet pris par M. L. Kaufmann. Ce transporteur reste en mouvement même lorsque la valve de communication du séparateur avec le récipient C est fermée, il fonctionne dans ce cas comme malaxeur pour empêcher l'engorgement du réservoir collecteur.

Le rôle du séparateur B est de recueillir les sels pendant l'opération de la filtration, du lavage ou de la dissolution, qui ne se fait qu'une ou deux fois par 24 heures dans le récipient C. Le fonctionnement de l'appareil est le suivant : les sels qui tombent dans le séparateur sont chassés par le transporteur hélicoïdal dans le récipient C ; lorsqu'ils y ont acquis une certaine épaisseur, ce dont on s'assure par un regard ménagé dans la paroi du récipient, on ferme la valve de communication entre le séparateur et le récipient C et on ouvre une communication entre la partie inférieure de ce récipient et la pompe à lessive ; en admettant alors une rentrée d'air à la surface du liquide, on force la lessive à traverser le filtre en y déposant son sel que l'on peut claircer, sécher à la vapeur et retirer ensuite par une porte *ad hoc*. On peut aussi dissoudre le sel au moyen de l'eau et de la vapeur ; la solution tombe, par une tubulure,

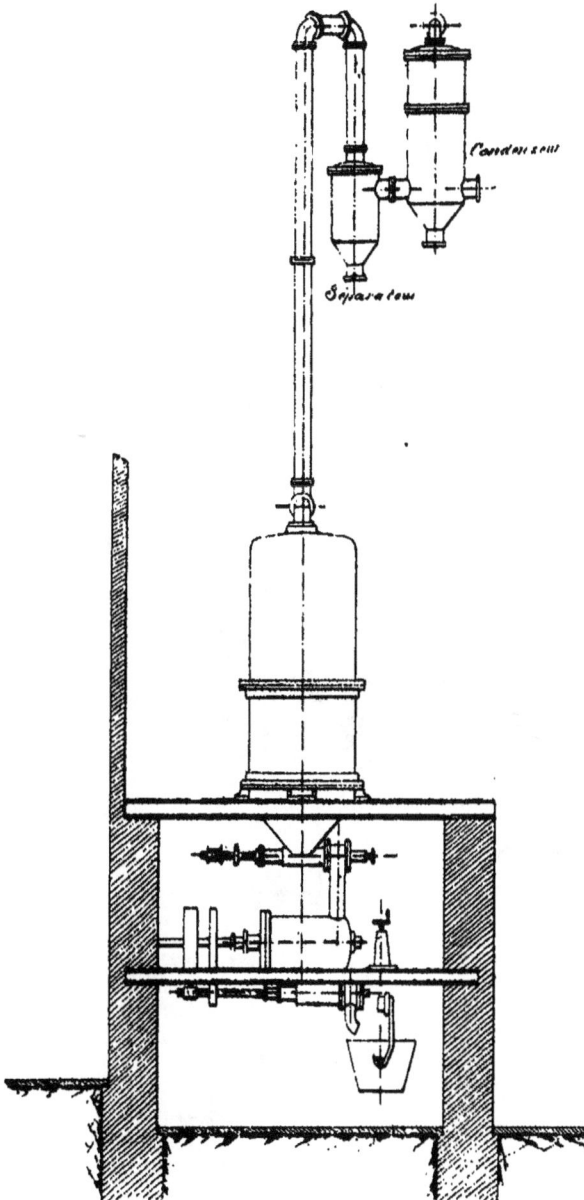

Fig. 61.

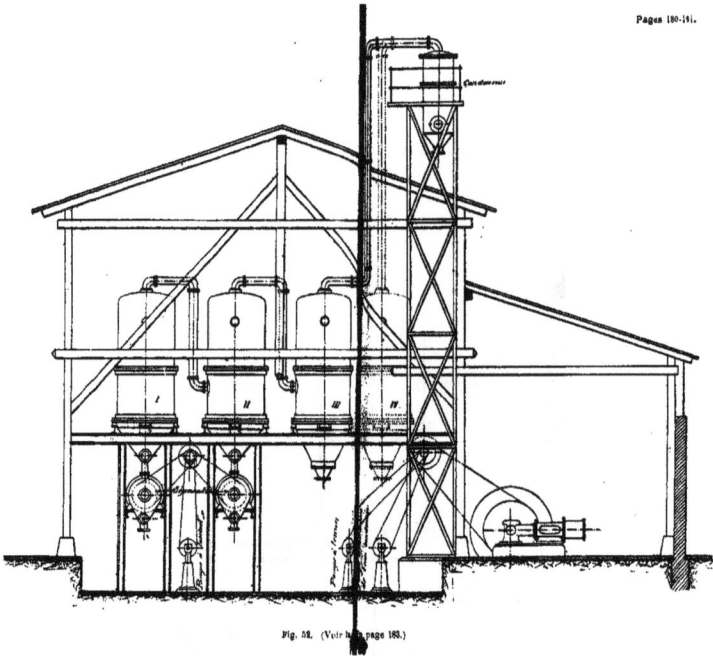

Fig. 52. (Voir la p. page 183.)

à la partie inférieure du malaxeur, dans un monte-jus d'où elle est dirigée à l'endroit où elle devra subir un traitement ultérieur.

Lorsque la quantité de sels déposés est considérable, le transporteur hélicoïdal mentionné plus haut est directement attelé à la partie inférieure conique de la caisse à évaporer ; le dépôt chassé dans le séparateur et rassemblé au fond, est chassé, par un deuxième transporteur semblable au premier, dans les wagonnets suspendus d'un transporteur aérien sur rail (fig. 51).

Les appareils construits par la maison Neuman et Esser, spécialement pour la concentration des lessives de soude à un degré élevé, sont indifféremment à simple, double, triple ou quadruple-effet. Ils sont entièrement en fonte et, pour des concentrations élevées, il est même nécessaire d'employer la même matière pour les tubes à évaporation, car le fer ne résiste pas suffisamment à l'attaque de la lessive très concentrée.

S'il s'agit d'obtenir une concentration élevée de la lessive, il faut tenir compte de ce que la température dans la caisse la plus rapprochée du condenseur est généralement inférieure à 100°, lorsque l'air a été suffisamment raréfié, ce qui doit toujours être le cas. Or pour la concentration des lessives salines, deux cas peuvent se présenter : 1° Il peut arriver que des lessives prennent une consistance telle qu'elles ne soient plus susceptibles d'une nouvelle évaporation. Dans ce cas, il faudra faire travailler l'appareil rigoureusement d'après le principe de la circulation des fluides en sens inverse, c'est-à-dire que la caisse la plus rapprochée du condenseur recevra la lessive faible, le degré ultime de la concentration devant être obtenu dans la première caisse qui reçoit la vapeur directe de la chaudière et dans laquelle la température est, par conséquent, la plus élevée. A cet effet, lorsque les lessives ne laissent pas déposer de sel, les différentes caisses pourront être disposées en étage l'une au-dessus de l'autre, mais dans le cas contraire la circulation de la lessive sera déterminée au moyen d'une pompe appropriée à cet usage.

2° En raison de la température peu élevée qui règne dans la dernière caisse à évaporer, il peut arriver que la lessive vienne à cristalliser dans l'appareil. Il en résulte que les cristaux formés par la lessive se trouvent souillés par toutes les impuretés qui cristallisent en même temps qu'elle et qui, sans cet inconvénient, s'en seraient séparées sous forme de dépôt. Egalement, dans ce cas, il faudra conduire le travail comme on vient de l'indiquer, de plus les parois des caisses, la robinetterie et le tuyautage de sortie de la lessive concentrée, devront être pourvus d'un dispositif de chauffe, afin que l'extraction de la lessive puisse se faire sans difficulté.

Comme nous l'avons indiqué plus haut, la concentration des lessives caustiques peut, dans ces appareils, être poussée jusqu'à 60° Baumé ; la consommation de vapeur varie, suivant le nombre des effets employés, entre $\frac{2}{3}$ et $\frac{2}{5}$ de l'eau évaporée. Si donc un kilog. de charbon brûlé sur la grille du générateur produit 8 kilog. de vapeur vive, la vaporisation dans les appareils, variera entre $\frac{1 \times 3}{2} \times 8 = 12$ et $\frac{1 \times 5}{2} \times 8 = 20$ kilog. d'eau par kilog. de charbon consommé au générateur.

Du reste, en augmentant le nombre des effets, on pourra avec les chaudières Neuman et Esser, réaliser la même évaporation qu'avec l'appareil Yaryan, toutefois ce résultat ne pourra être obtenu lorsqu'il s'agit de pousser la concentration des lessives à un degré très élevé, car dans ce cas la chute de température entre les appareils serait trop faible pour permettre une ébullition suffisante de la lessive.

Or, il faut considérer que dans le concentreur Yaryan l'évaporation reste limitée à un certain degré de concentration qu'on ne saurait dépasser. L'évaporation des lessives caustiques ne peut guère y être poussée sans inconvénients au-delà de 32-34° Baumé, tandis qu'elle peut atteindre 60° Baumé dans les appareils de MM. Neuman et Esser.

En résumé, une heureuse disposition pour l'évaporation des lessives, principalement pour l'évaporation des lessives de soude caustique produites par les procédés électrolytiques, nous paraît devoir être réalisée par la combinaison d'un concentreur Yaryan, évaporant la lessive jusqu'à un degré de concentration légèrement au-dessous de celui qui correspond à la formation de sels (soit environ 30° pour les lessives de soude caustique), avec un appareil à simple ou mieux encore à double effet, muni des dispositions brevetées par M. Kaufmann, pour l'extraction automatique des sels déposés.

Lorsqu'on voudra obtenir du premier jet, dans un seul appareil, une concentration très élevée de la lessive, il conviendra d'employer un triple ou un quadruple-effet dont les deux dernières caisses, les plus rapprochées du condenseur, dans lesquels s'opérera la concentration finale, d'après le principe indiqué plus haut, seront pourvues des appareils extracteurs du sel.

Le schéma (52) représente la disposition d'un appareil à triple ou quadruple-effet pour l'évaporation des lessives caustiques de soude à un degré élevé de concentration. La vapeur directe est introduite dans la chambre de chauffe de la chaudière I dans laquelle se termine l'évaporation, cette chaudière et la précédente sont pourvues d'appareils pour l'extraction automatique des sels, ainsi que le montre la figure. L'alimentation de la lessive faible a lieu dans la chaudière III, ou dans la chaudière IV, suivant que l'appareil est un triple ou quadruple-effet.

Des installations de ce genre fonctionnent actuellement avec succès dans un grand nombre de fabriques de produits chimiques d'Allemagne, de Suède, d'Autriche, de Belgique et de France, principalement dans les fabriques de produits chimiques par voie d'électrolyse. Un grand appareil de ce système, a été installé l'an dernier à Mannheim, dans l'usine du *Verein chemischer Fabriken*, pour une concentration journalière de 340 mètres cubes de lessive de soude de 13° à 50° Baumé.

Depuis le mois de septembre 1892, la maison Neuman et Esser a construit 37 installations, comprenant 84 appareils, dont la surface de chauffe, en simple, double, triple ou quadruple effet, varie entre 5 et 1,400 m², pour l'évaporation des lessives ou dissolutions suivantes : potasse et soude caustiques, chlorate et chromate de potasse, carbonate de soude, sel ammoniac, salpêtre, nitrites et ferrocyanures alcalins, lessives résiduelles de sulfite, résorcine et glycérine.

Le rédacteur se fait un devoir d'exprimer à MM. Neuman et Esser, ainsi qu'à M. Kaufmann, le distingué directeur de leurs établissements, ses remerciements bien sincères pour l'obligeance avec laquelle ils on bien voulu lui transmettre les renseignements et dessins concernant leurs appareils à évaporation qui ont servi à la rédaction de cette notice.

TABLE DES MATIÈRES

—

CHAPITRE II

Procédés spéciaux pour la production électrolytique de la soude et du chlore

CHAPITRE III

III. — Électrolyse avec séparation du métal alcalin par l'emploi de cathodes de mercure

CHAPITRE IV

IV. — Électrolyse des chlorures à l'état de fusion ignée

CHAPITRE V

Chlore retiré de l'acide chlorhydrique, liqueurs de blanchiment

CHAPITRE VI

Chlorates

CHAPITRE VII

Dispositions spéciales pour les électrodes et les diaphragmes

Étude sur les différents Systèmes d'Évaporation des Lessives

Par P. KIENLEN

TABLE ALPHABÉTIQUE

DES

NOMS D'AUTEURS ET D'INVENTEURS

CITÉS DANS CET OUVRAGE

COMPIÈGNE

IMPRIMERIE HENRY LEFEBVRE

31, RUE DE SOLFERINO

www.ingramcontent.com/pod-product-compliance
Lightning Source LLC
Chambersburg PA
CBHW060549210326
41519CB00014B/3409